交互思维与实战

Figma+Principle UI设计实用教程

编著 刘月蕊 卢芷仪 王培栩

U0377675

东华大学出版社·上海

前　言

　　伴随着移动互联网行业的蓬勃发展，用户体验（UX）和用户界面（UI）设计的重要性日益凸显，在这个充满竞争的环境中，UI设计师如何生存并脱颖而出？首先，设计师需要不断学习和更新自己的知识体系。AI自动化设计工具的崛起，虽然在一定程度上简化了设计流程，但也迫使设计师们要提升自己的创造力和独特性。在现代设计工作中，熟练掌握各种设计软件是每位UI设计师的基本要求。从Adobe XD到Sketch，再到如今的Figma，每一款软件都有其独特的优势和应用场景。Figma的出现标志着"云应用"时代的来临，它提供了一个更加轻量、更方便协作的线上工作环境，使得团队协作变得更加高效和便捷。

　　UI设计从来不该止步于静态，动态效果设计在提升用户体验方面起着至关重要的作用，动态效果可以增强用户的正向反馈，在微观体感上建立极致体验。Principle作为一款轻量级的动效设计工具，非常适合进行简单、轻量的动效制作。通过合理运用这些工具，设计师可以在设计过程中更加游刃有余，创造出更加生动的用户界面。

　　本书旨在帮助入门级设计师构建Figma + Principle的UI设计生态圈，系统地学习从理论到实战的UI设计知识和技能。本书将从基本的设计思维和方法入手，逐步深入到具体的设计工具和实战案例，帮助读者全面提升自己的设计能力。

在本书中，你将学到以下内容：

（1）交互设计思维。理解用户需求，设计出符合用户心理和行为习惯的界面；

（2）UI设计方法。掌握颜色、排版、图标设计等基本技巧，提升设计的美观性和实用性；

（3）Figma的使用。从基本操作到高级功能，全面掌握Figma这款强大的设计工具；

（4）Principle的使用。学习如何制作简单、轻量的动效，提升用户体验；

（5）实战案例。通过具体的项目案例，了解如何将理论应用于实际工作中，提升就业竞争力。

（6）作品集的设计方法。学会包装自己的作品，利用高质量作品集展示自己的设计水准，从而获得工作机会。

　　本书不仅仅是一本理论教材，更是一本面向就业的实战指南。通过系统化的学习，你将掌握从设计思维到工具应用的完整知识体系，具备独立完成UI设计项目的能力。无论你是想要踏入设计行业的学生，还是希望提升自己技能的新人设计师，本书都将为你提供宝贵的指导和帮助。

> 　　在未来的设计旅程中，希望本书能够成为你接触设计行业、提升专业能力的有力助手。一起来开启这段充满创意和挑战的设计之旅吧！

目 录

操作，然后可扫描书中的任意二维码，进入免费
观看操作视频。

说明:为保护版权，本书采取了一书一码的形式。
购买该书后，刮开覆盖条，扫描二维码，按提示
操作，然后可扫描书中的任意二维码，进入免费
观看操作视频。

1

UI 设计的基础知识

● 本章知识点

本章节将全面讲解UI设计师需要了解哪些知识以及如何培养工作能力，帮助新手设计师快速入门，了解界面设计与用户体验的世界。

工作架构

设计流程

常用软件

技能与工作技巧

看彩色版
扫描这里

1.1 UI与UX

UI是User Interface（用户界面）的缩写，指人与计算机或其他电子设备间进行交互时所使用的界面。UI设计通常指界面设计，是设计师对用户界面进行设计的过程，旨在提高用户的使用体验和满意度。设计师通常会考虑诸如界面布局、颜色搭配、字体选择、交互效果等方面，以确保用户能够方便、快捷、愉悦地使用产品或服务。

UX和UE都是User Experience（用户体验）的缩写，指用户在使用产品或服务时所感受到的整体体验，包括情感、态度、行为等方面。它是一个综合性的概念，涵盖了用户对产品或服务的感知、情感、思考、行为等方面的体验。良好的用户体验会使用户感到舒适、流畅、愉悦、高效、易用等，而不是感到困惑、烦躁、不便等。在UI设计中，用户体验是很重要的一环，部分公司甚至会将UX设计师作为一个独立的岗位，作为UI设计的上游，专注于用户体验的管理。

UI、UX以及视觉UED（User Experience Design）都是市场上常见的设计岗位，设计师灵活运用个人所掌握的互联网知识与专业技能，巧妙地产出满足用户预期的设计方案，在解决用户需求的同时达到商业营销的目的，一步步提高用户的满意度和忠诚度，从而提升产品或服务的市场竞争力。

1.2 移动端与PC端、游戏端及其他端

移动端通常指手机，而移动端UI也就是手机上的所有操作界面，包括App、小程序、手机桌面等，比如手机上的"QQ""微信""Html5"小程序等。移动端界面主要以"手指触击"或"滑动屏幕"的形式实现交互，由于手指表面与屏幕的接触面积较大，精准度相对低，因此移动端UI设计需要按键和图标的大小便于操作和控制，降低误触的可能性。视觉、听觉或触觉上的交互效果会成为使UI有跳脱出静态平面的亮点，比如，点击某个按键时设备产生振动，这种适时的触碰反馈能给用户带来正反馈体验。用户需要知道自己的操作行为有没有在屏幕中生效，比如一朵炸开的烟花动效，一声清脆的系统提示音，或是与交互前有着明显区别的图标（icon）变化，任何一点小小的变化都能告诉用户"你成功了"，从而带来正面反馈。

移动端的系统有iOS、Android、HarmonyOS等，这几种系统的桌面布局、视觉风格和设计规范都有所不同。比如：在iOS的默认桌面上，顶部显示"时间""信号""Wi-Fi""电池电量"，底部是"标签式导航"（Tab Bar），中间则是以矩阵式排布的6行4列圆角小方块形式，规律地摆放了所有下载好的应用程序App图标；而小米是基于Android开发的MIUI系统，桌面顶部的"时间""信号""Wi-Fi""电池电量"等信息的字体大小和间距与iOS中的有明显不同，应用程序App图标间距更小，一页能显示更多的图标，排列规则没有iOS那么严谨，允许以稍显不规则的形式摆放，除"标签式导航"之外，搜索栏也被固定在底部位置，而iOS桌面则需要下拉屏幕才会显示出被隐藏的搜索栏（图1.1）。

同一款App产品在跨平台时还需适应不同系统下的界面布局，比如不同系统中的手机微信在界面布局上都有些许差别，虽然基本都有"微信""通讯录""发现""我"四个位于底部的功能板块，但顶部栏的构造不同。iOS版本顶部栏中的icon会随着底部四个板块的切换而变化，"微信"板块顶栏左侧有浮窗功能，搜索栏则固定摆放在"微信"和"通讯录"板块中的顶部位置（图1.2）。而

图1.1 iOS系统手机桌面与MIUI系统手机桌面的对比

（左：iOS系统手机桌面；右：MIUI系统手机桌面）

图1.2 iOS版本手机微信界面

图1.3 MIUI版本手机微信界面

MIUI版本顶栏icon始终保持一致，有"搜索"和"添加"（用于发起群聊、添加朋友、扫一扫和收付款）功能的icon，且顶栏左侧没有显示浮窗功能，使用搜索功能时需要点击右上角的"搜索"icon进入搜索界面（图1.3）。

PC指 Personal Computer（个人电脑），PC端的UI设计包括软件和网页，如常见的网站、Adobe全家桶等都属于PC端的范畴。PC端的屏幕尺寸与手机有很大区别，在界面布局、操作方式、读屏方式等方面都需要以另一种方式去考虑。比如，操作手机时是将屏幕握在手里，用手指在屏幕上滑动；看电脑屏幕时则需要抬头仰视屏幕，使用触控板或鼠标等外接设备来移动屏幕上的指针，点击想要与之交互的地方，"单击""双击""滚动滑轮"等手势的操作方式两者大相径庭。另外，设计尺寸、分辨率、比例和倍率等参数都直接决定了屏幕的阅读体验。同样的一张屏幕，将5.8英寸的iPhone X手机屏幕和13英寸的MacBook Pro笔记本显示屏作比较，自然是笔记本的屏幕能呈现更多视觉信息（图1.4、图1.5）。而同样在PC端，将1920×1080（1080P）、2560×1440（2K）和3840×2160（4K）几种不同分辨率的显示效果作比较，界面和图标又会呈现完全不同的视觉比例，分辨率越大，界面空间就越广（图1.6~图1.8）。PC端的系统有Windows、MacOS、Linux、Unix系统和纯DOS系统，需要注意的是，不同系统具有不同的设计规范，不同软件产品在不同系统上的兼容性也存在差异。

图1.4 iPhone 13 Pro桌面（左图）与iPad Pro 11英寸桌面（右图）的对比

图1.5 MacBook Pro 13英寸桌面

图1.6 Mac Mini 1080P 分辨率下启动台的显示效果

图1.7 Mac Mini 2K 分辨率下启动台的显示效果

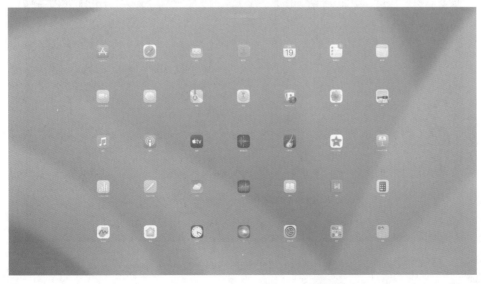

图1.8 Mac Mini 4K 分辨率下启动台的显示效果

游戏端UI设计更侧重视觉表现，游戏界面需要保持与游戏主体一致的风格和氛围，绘制难度较高，对设计师的美术功底有一定要求。工作量视游戏的底层逻辑和交互需求而定，一个大型游戏中单单icon的数量就有可能达到成百上千，复杂度一般比其他分类的UI设计要高。字号的大小、颜色的选择、重点信息与非重点信息的层级区分……每个细节都至关重要。通过游戏UI设计所营造的视觉感受，将会决定玩家的体验感和操作手感，最终影响整部游戏的质量与评价（图1.9、图1.10）。

其他还有一些诸如VR、AR、智能手表、车载系统等，到处都需要UI设计，这些类别姑且统称为其他端。随着智能化趋势的到来，势必会有越来越多的界面设计需求，UI设计师也能获得更多的工作机会。

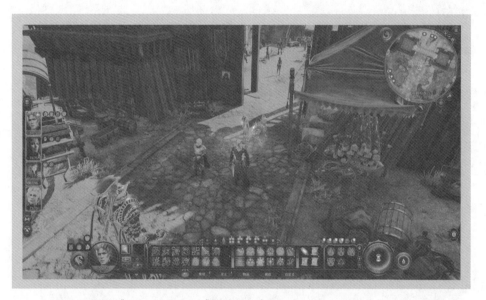

图1.9《Baldur's Gate 3》游戏界面（作者：Larian Studios）

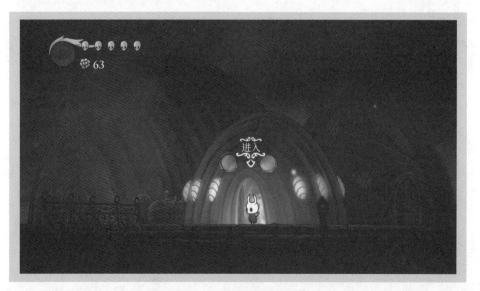

图1.10《Hollow Knight》游戏界面（作者：Team Cherry）

1.3 B端、C端、G端

B端指 To Business（简称 To B），也就是面向企业、机构或其他多人组织的产品，通常采用"Business-to-Business（简称 B2B）"的电子商务模式，如"千牛""钉钉""企业微信"等。B端产品的设计风格通常简洁明了，突出高效率和功能性，帮助企业用户进行内部管理。相对来说，其对视觉需求并没有那么高，如何增强界面的可读性才是重中之重。B端产品需要体现出专业性、安全性、稳定性以及高度的定制化，往往由企业用户长期付费订阅，盈利空间大，市场竞争小，且用户在短期内一般不会随意替换产品，因此用户忠诚度高，迭代周期长。然而由于B端产品使用场景的局限性较大，市场上同类竞品数量少，在设计过程中可用于参考的竞品材料也就相对较少，增加了设计和开发的难度。B端更适合那些逻辑思维能力强，喜欢井井有条地处理复杂度高的工作，且善于理性分析的设计师。

C端指"To Consumer"（简称 To C），也就是面向终端消费者的产品，通常采用"Business-to-Consumer"（简称 B2C）的电子商务模式，如"淘宝""抖音""小红书"等。C端产品的设计风格需要让人眼前一亮的视觉呈现来吸引用户注意，以用户转化率、用户留存率等指标为目的，通过人性化的使用体验和趣味性的交互效果提升产品价值。C端产品的使用场景非常广泛，可以说是五花八门，而它们的共性就是服务于消费者的生活需求。当前C端市场竞争激烈，竞品同质化严重，因此需要更快的迭代速度来维持用户好感度。那么相应地，可供竞品分析和风格参考的材料也会更多。由于受众主要是个人消费者，购买力不如企业或大型组织，C端产品的盈利空间往往较小，用户忠诚度也十分依赖于营销和推广。C端更适合那些视觉表达欲强，美术风格出彩，同时富有同理心，侧重情感化分析的设计师。

除了B端和C端，还有一项业务比较特殊，通常称之为G端，指"To Government"（简称 To G），也就是面向政府机构和公共事业单位的产品。生活中比较常见的是"Government-to-Citizen"（简称G2C）模式，例如"国务院客户端""国家政务服务平台""国家反诈中心"等，主要提供数字化的公共服务和社会管理，帮助政府工作人员提升业务流程的效率，节约相关成本。在手机不离身的时代，如社保公积金查询与缴纳等便民服务都已经开通了网站、App或小程序，足不出户的线上办理为居民提供了巨大的便利。G端产品的主要特征和B端类似，要求高效、安全、可靠、稳定，完全根据政策需求和业务规范来定制，研发和迭代的周期都很长。G端项目通常会由各大软件公司竞标接手，优点是资金充足、销售稳定、口碑传播快，而难点也十分明显，比起B端它更难获取竞品信息，同时也具有更加复杂的业务场景。

选择B端、C端还是G端，设计师需要根据自身的兴趣和能力优势，对此做尽可能早的规划。公司规模越大，UI设计师的岗位职责就区分得越细致。B端设计师往往会一直负责B端产品，而且经手项目的经验会持续积累下去，可成为履历上的一项评判标准。因此，越早发现自己适合的领域，对设计师的职业发展就越有利。

1.4 UI设计师的工作架构

一个互联网产品的"从0到1"落地，需要经过产品经理、UI设计师、前端开发工程师、后端开发工程师以及测试工程师的共同努力。只有先对互联网的团队构成有一个基本理解，熟悉各个岗位职责及与 UI 设计师的合作关系，才能明确 UI 设计师的工作定位。接下来将简单介绍每个岗位的职能范围。

产品经理：相当于一个项目中"策划"的角色，他通常与数据分析师密切交流与用户有关的数据，如流量、转化率、投资回报率等，以数据为依据、以目标为导向统筹整个产品的方向。对于一个"从 0 到 1"的产品，需要产品经理制定"需求文档"（PRD），要经过产品经理、UI 设计师、前端开发工程师、后端开发工程师和测试工程师的评审（可能不止一次）后，才能开展整个工作流程。在项目落地的过程中，产品经理需要对接团队中的所有角色，并协调解决落地过程中发生的所有问题。产品经理交付给设计师的需求文档，通常会记录所有需求的功能点、框架结构以及需要考虑的边界情况。产品经理与 UI 设计师的交流非常密切，有时需要围绕设计稿与交互方式展开热烈的讨论。

前端开发工程师：从 UI 设计师侧拿到设计稿和切图，按照产品经理的需求文档进行前端界面的开发工作，将设计稿的实现为用户实际可以交互的界面。"前端"（Front-end）通常指的是 C 端，也就是用户端，前端开发负责呈现给用户的界面，以及用户可以操作的一切交互行为，通俗地说，就是一个产品中用户可以看得见、摸得着的部分都经由前端开发之手来实现。前端开发工程师与 UI 设计师的交流也较为密切，基本是围绕着设计稿的实现过程以及在此过程中遇到的问题。

后端开发工程师：按照产品经理的需求文档进行后端的开发工作，为用户端提供服务。"后端（Back-end）"通常指的是服务端，后端开发负责处理用户的请求、执行业务逻辑、与数据库交互等，这些往往是用户看不见、摸不着的，但前端所有的用户请求都需要调用后端的服务，无法脱离后端独立完成，因此后端更强调逻辑性和敏捷的应急处理能力。后端开发与 UI 设计师基本没有交集，与产品经理、前端开发对接较为密切。

测试工程师：按照产品经理的需求文档理解产品的功能要求，并梳理用户使用产品时可能发生的所有边界情况，在此基础上产出测试用例，根据用例对经由前端和后端开发完成的产品进行功能测试，跑通整个用户流程。测试首先代入一个"用户"的角色，测验并发现产品与服务的"缺陷（Bug）"；其次代入一个"工程师"的角色，溯源问题所在并反馈给相应的开发人员，协助开发解决问题。测试人员通常作为产品开发的最后一环，管理整个产品的质量，检查产品是否具备稳定性，并对产品的上线负责。测试与 UI 设计师的交集不多，有时会与设计师一起验收并校正前端界面的 UI 问题。

UI 设计师：从产品经理处拿到需求文档和示意图（可能是线框图，也有可能是低保真原型图），按照产品经理的需求文档进行用户界面以及相关物料的设计工作。出于一个专业设计师的建议，必要时可以调整产品经理交付的线框图结构，或与产品经理讨论出更为合理的结构。在设计前期，设计师会输出一些低保真视觉和交互层面的设计"灰稿"（原型稿）与产品经理进行讨论，这样高效而又节省成本。在定稿后，再继续进行高保真视觉和交互层面的设计。当 UI 设计师完成最终的设计稿之后，可能会经过一个由产品经理和开发人员共同审核的过程，来决定设计稿是否通过。评估设计稿是否通过的标准，一般会考虑产品定位、用户体验、视觉效果、开发可行性以及开发成本。过审后，UI 设计师将设计稿（通常会在设计稿上标注设计规范和交互说明）和"切图"交付给前端开发工程师。接着是设计"走查"和协助上线工作，需要协同前端以及测试工程师完成。在产品发布后，各个相关方通过用户反馈复盘产品，发现与补救产品中尚存的缺陷。UI 设计师还需要配合迭代与优化的工作，调整设计稿。设计师对用户端的视觉效果和交互体验负责，而且一名专业的设计师可能还会从用户数据中进行深度思考，探索产品与服务的更多可能性，与产品经理共同提出更合理的策划方案。

互联网团队基本合作模式见图1.11。

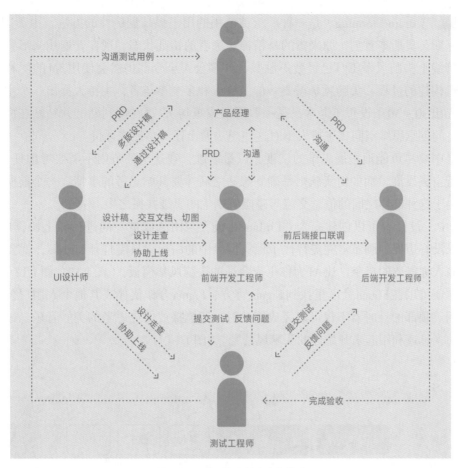

图1.11 互联网团队基本合作模式

相信到此为止，你已经"提前熟悉"了你未来的同事，也对一个产品"从0到1"的过程有了基本的理解。而其中每一个环节的设计流程以及对应的工作方法，将在下一章节详细展开。

1.5 最全UI设计流程

除了高保真的UI设计稿，UX&UI设计师的工作流程中可能还会包含其他产出物，例如头脑风暴、用户画像等。尽管在一般的合作机制中，只有最终的视觉设计稿和切图是最为必要的交付成果，但其他流程的重要性也不容忽视。一份优秀的作品集通常会尽可能详细地展示作品从构思到设计完成的整个过程，这样能够让其他人对设计过程有更加深入的认知，也让整个设计变得更有说服力。

下面是一份全面的设计流程指南，涵盖从前期的需求理解到后期的开发协助和上线，包括如何与团队进行有效沟通等方面。深入理解该指南并在实践中不断磨炼，你将成为一名专业的UI设计师。

1.5.1 头脑风暴

"头脑风暴"（Brain Storming）是一种广泛被使用的用于提高创造性的方法，由美国BBDO广告公司的亚历克斯·奥斯本首创，原来指的是精神病患者的错乱状态，现在普遍用来形容无限制的自由讨论。尽管线上头脑风暴工具已经数不胜数，许多公司至今都仍然会使用3M的便利贴在物理白板上开展创意构建的过程。头脑风暴需要一位主持人和多个参与者，主持人提出一个主题，并邀请参与者每人提出30～50条设想（通常只是一些词语或短句），写在便利贴上并粘贴在白板上，为了维护自由度高的创意思维空间，主持人不对这些想法做出任何感想或评价。

头脑风暴中要尽可能地拓展思维的广度，以量取胜，在这个环节内不需要考虑任何的可行性，尽管往天马行空去发展，而如何实施则是确立想法之后才要开始思考的事情。一个前所未有的好创意往往就诞生于这种群体之间的信息交流与碰撞所产生的思维共振之中。

在Figma中，设计者可以创建一个"FigJam画板"与团队成员一同进行线上协作的头脑风暴。FigJam是一张没有边界的画布，完美替代了现实世界中的白板。只需打开FigJam，就会自动弹出AI助手，可以输入你需要的指令，让AI为你生成合适的头脑风暴模板。（图1.12、图1.13）

另外，你还可以在Figma社区里找到Figma官方、Figma合作伙伴或其他个人用户公开分享的模板并直接使用。顶部的计时器不仅可以完成倒计时，还能播放促进思考的美妙音乐。这些资源完全是免费开放的，迅速利用起来开始你的头脑风暴吧。（图1.14）

图1.12 创建"FigJam画板"

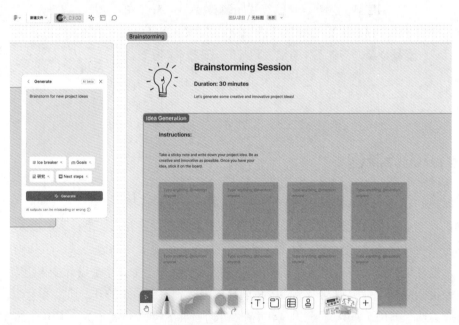

图1.13 "FigJam画板"中AI助手自动生成的头脑风暴模板

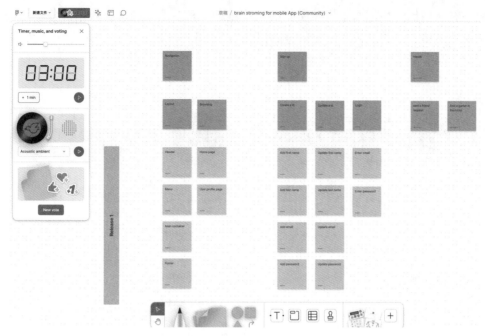

图1.14 Figma社区公开分享的头脑风暴模板"brain stroming for mobile App"（作者：Raja designs）

1.5.2 用户调研

"用户调研"（User Research）是非常重要的一步，设计者需要找到"目标用户"，明确一个前提：这款软件是为谁而开发的。这一阶段中存在着一个新手最容易犯的错误，那就是希望一种设计是完美的，希望它可以让所有人都满意，从而拥有更大的潜在市场。然而，这个想法可能会得到相反的结果，那就是没有任何一个用户会为此买单。设计者应该时刻谨记这条原则：一个成功的设计只能匹配一部分用户，面面俱到就会无一例外地走向失败。

设计者的目标用户究竟选谁，这个决定一般需要和开发商统一意见，或是从产品经理处直接了解到需求。事实上，在目标用户群的抉择上，UI设计师能够主观发挥的空间较小，然而设计者也有一项举足轻重的工作，那就是去理解用户，通过"问卷调研""焦点小组（也称小组访谈）"等用户研究方法，想尽办法调查潜在用户可能存在的特征和痛点，然后以解决这些痛点为目标展开设计决策，这是理解当前任务目标的关键。

1.5.3 用户画像

在调研用户习惯的过程中，通常设计者需要一份"用户画像"（User Persona）。这当然不是指一幅图画，而是一种给潜在用户打上标签的抽象模型。作为目标用户的一个虚拟代表，这个人具有什么社会属性？有什么个人偏好？生活习惯怎样？是否能熟练操作手机？使用同类型产品时会产生什么样的用户行为？这都是设计者需要在用户画像上构建出来的信息，从而帮助设计者明确目标产品需要提供哪些价值、具备哪些功能、符合哪些操作习惯等。

用户画像怎么做？"画像"这个词乍一听，可能会让你不知从何下手，实际上它主要是由一些文字设定组成的，在日常工作中它可能只是文档中的几行字，甚至只是你头脑里闪过的一个想法，而在作品集上设计者可能会将它进行可视化以提升视觉效果，并让阅读作品集的人都能直观地理解设计者对核心用户的定位。用户画像的具体形式没有统一的严格规定，它可能包括一个假想用户的名字、年龄、社会阶层、生活水平以及需要的一些信息，其中涉及的所有数据都可以是基于真实的调研数据或有所调整，是为了这个假想角色而拟定的。（图1.15）

图1.15 针对外卖类App制作的用户画像

1.5.4 竞品分析

故步自封地做设计是不可取的，如果没有任何参考地一条路走到黑，最糟糕的情况下就有可能会导致根本没有人想要使用这个产品。更现实的是，设计者会发现他们根本无法在脑子里空空如也的状态下做设计。比如你现在正想做一款线上问诊软件，你知道线上问诊软件的首页都有哪些要素吗？问诊一共需要哪些流程？除了问诊，还应该添加哪些功能？多看看市面上已经被许多人选择使用的优秀设计，吸取优点，避开缺点，同时激发灵感，才是一种明智且普遍的做法。设计者可以在诸如App Store等应用市场中自由地收集竞品，还可以下载来深入探索，完成"竞品分析"（Competitive Analysis）。而一种更高效的做法，是在国内外的各种设计资源网站上直接浏览各类程序的UI截图。国内网站如"站酷""UI Notes"等都是不错的选择，国外网站的选择就更多了，如"Mobbin""Pttrns"等都是广为人知的UI参考库，其中"Mobbin"甚至还根据产品功能、公司地域甚至是公司发展阶段进行了分类。通过这些便利的设计网站，设计者可以快速搜集竞品，观察真实存在并正在被使用的产品所有的UI截图，包括"缺省页""启动页"等，分析它们的视觉风格、视觉配色、图标设计、版式设计、交互流程等，进而思考如何使自己的产品更加完善，能够超越市场上已知的竞品。（图1.16）

1.5.5 信息架构

信息架构（Information Architecture，简称IA），是一种用于组织和呈现信息的结构化框架或模型。它有助于将大量的信息整理成有条理和易于理解的形式。UI界面的信息架构通常是由产品经理和设计师共同设计，对整个产品的框架进行定义，对功能结构进行梳理和归类。信息架构可以直观地反映出产品与服务本身具备的主要功能和次要功能，涵盖一切用户可以产生的交互行为。

在这个阶段，可以用一个简易的图表或思维导图，表达清楚界面之间的层级结构和业务之间的上下游关系。这不仅利于需求方和开发者理解，还能够给用户提供流畅而不冗长的用户体验，使用户能够更快速、轻松地找到所需的信息。一个层次清晰、逻辑严谨的信息架构，可以帮助设计者在后续的设计阶段高效地构筑产品原型，从而避免在那些不必要的界面上浪费时间。（图1.17）

图1.16 "携程旅行" "同程旅行" "飞猪旅行" 的UI截图比较

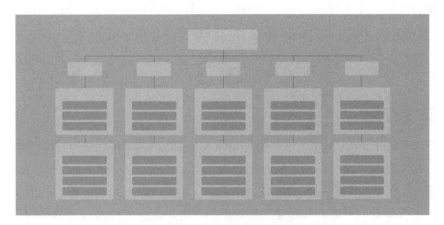

图1.17 信息架构常用的层级结构

1.5.6 用户故事

"用户故事"（User Story）也可以称为"用户剧本"，是为用户设置一个具体的情景，从用户的主观角度出发，将用户需求转化为可具体执行的任务，帮助开发者理解用户预期。在编写用户故事的过程中，需要针对最核心的"剧情"作精准刻画，明确用户的主要痛点是什么，用户使用的主要流程是什么，这个产品需要关注的核心功能点是什么。考虑的主角是用户，而不是你自身，这就要建立在大量的用户调研和分析之上，因此极度依赖前文中所提到的用户调研和用户画像的结果。

用户故事不需要真地画出来，而只是代入用户的视角，用一种更具象化的方式将需求点向所有人表达清楚，让所有的需求对接方都能听得懂。它甚至可以仅仅是短短的三句话：

第一句：我是一个什么样的用户？

第二句：我想要做什么？

第三句：开发者可以为我做什么来实现我的需求？

以下是一个简单的示例：

> 我是一个 喜欢收听线上电台的老年退休工人。
>
> 我想要 在不戴老花眼镜的情况下看清屏幕上的按键，并且需要软件指引我如何操作，以便正确选择我喜欢的电台。

所以开发者可以关注大字、大图标、单用户首次使用时有流程引导。

可以看到，在最后一步中设计者把角色从用户转换回了设计者自身，这也是最重要的一步，就是将需求点从这个故事中提炼出来，找出设计者在这个项目中真正应该关注什么，要通过什么方式实现用户的具体需求。

除了示例中所提到的三点外，还可以加上一些具体的场景来考虑交互上的细节和一些边界情况。比如：用户为什么想要达成这个目标？在达成目标的过程中，有哪些交互是他们能忍受的，有哪些交互是他们不能忍受的？他们在同类型的其他软件里做出这些行为时，有什么癖好？他们会在什么时机登录，是下载完软件后一打开就登录，还是在想要完成某个具体操作时被软件提示他们需要登录的时候才会登录？他们在做这个操作时，误点的可能性有多大？会不会因此而投诉？

以上提及的问题已经非常细节，基本能够解决一个产品"从0到1"的阶段中需要考虑的所有问题。如果把用户的每一个细节都构想成剧本，沉浸在未必会真实发生的细节里，那就太浪费时间了。"从0到1"是一个产品的快速试错阶段，时间成本是第一位的，后续收集产品的用户反馈，并从反馈中小步快跑来迭代，是更高效、更节约成本、更适应这个快节奏市场的做法。

1.5.7 用户旅程图

"用户旅程"（User Journey Map）是从用户情绪、痛点和动机出发的一种用户体验可视化工具，用来展现用户如何与产品以及产品所提供的服务进行交互。它通常会将用户使用产品与服务时的整个体验过程分为几个阶段，并以图表的形式展示用户在不同阶段的行为、情感和需求，其中包含用户的第一次接触，直到最后的离开或转化。用户旅程图有助于设计师直观地剖析用户的触点、痛点和机会，从而构建一个新产品或是迭代优化一个产品，以提供更好的用户体验。

一个用户旅程图的绘制步骤：

第一步，要将用户使用产品时会经历的每个关键阶段按时间顺序排列出来。以使用一款搜索引擎为例，用户的阶段就可以被分为搜索前、搜索中、搜索后。

第二步，将用户的行为、想法、情绪变化等，对应这些阶段一一描述出来，注意要高度概括，而不要沉迷于戏剧化的细节。在这个步骤中设计者对用户的所有猜想，都应有数据支撑或是来自用户调研的依据，而非凭空臆想。

第三步，标记用户在每个阶段与产品交互的触点和渠道，深度分析用户的痛点在哪里，并从中捕捉设计者自己的机会，制定相应的改进措施，使产品能够提供更好的用户体验。

1.5.8 线框图

"线框图"（Wireframes）也可以称为"交互草图"，相当于产品的骨架结构，只有最基本的要素，简单示意界面的排布，通常只包含一些最精炼的线条和图形。设计者可以在线框图中评估体验与设计，但要尽量避免修饰任何细节。线框图的绘制工具没有限制，可以是纸和笔，也可以是无纸化的电子工具，其绘制方法也很简单。以移动端App为例，首先框定一个屏幕边界，它代表一个手机屏幕；接着根据产品架构在这个方框内绘制各种元素，笔触要尽可能地随意而简单，在最快的时间内完成一个界面的大致布局。如此反复，完成更多的界面，最终构成一个完整的大框架。这样一个App的线框图就完成了。所有的线框图都会成为原型设计的参照物，由于不追求精度，在这一阶段中每个界面都能以最快的速度产出，而且要修改也是最容易的。（图1.18）

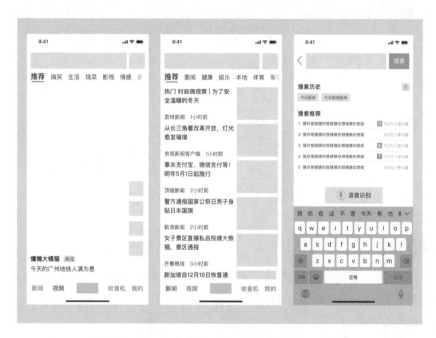

图1.18 内容类App的线框图示意

在绘制线框图时，设计者也需要明确它的受众是谁？这份线框图是只给自己看的一份草稿，还是与其他同事、领导或者利益相关者沟通的方案？若是后者，则需要保证这份线框图在最终导出时不至于潦草到让其他人无法理解，在倾倒完你脑内的所有想法之后应尽量优化一下你的草图，并在细节处加上注释，描述清楚每个模块具体有什么功能，这样才会更加容易向他人传递你的关键想法。

1.5.9 低保真原型

将多个线框图以确定的逻辑排序并赋予可交互的属性，这些线框图就迅速组成了一个最基础的原型。可以说，"低保真原型"（Low-Fi Prototypes）就是由交互路径组织起来的线框图组合。低保真原型只用于构建产品的基础框架，目标是快速地验证设计想法，将抽象转为具体，重在展示产品的功能和界面布局，而不追求精美的视觉效果。它的制作成本低，便于随时随地修改，在短时间内迭代多次，以探索不同的设计想法。（图1.19）

首先，可以想象一下：用户操作这个软件时会产生什么样的交互流程？以哪个"按钮"（Button）为入口进入另一个页面？如果没有满足进入的条件就会弹出什么样的窗口？然后，用一条带方向箭头的线把两个彼此联系的界面串起来，连接每一个入口和出口。应该尽可能多地去想象用户操作时的各种情况。比如，用户想要结算购物车时还没有登录账户，这时会弹出什么窗口提示用户登录？又如用户断开了网络连接，这时会弹出什么窗口提示用户目前是离线状态？随着这些特殊情况也逐渐被完善起来，你的产品就已经初现雏形。

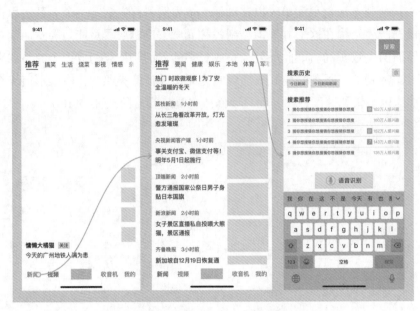

图1.19 内容类App的低保真原型示意

1.5.10 高保真原型

原型的保真度越高，越接近最终产品。通常说的"高保真原型"（High-Fi Prototypes）基本上就是产品最终的视觉外观。这个阶段的修改成本巨大，因此尽量在确保低保真原型符合要求的情况下，再开展高保真原型的设计工作。

设计者的界面布局已经在低保真原型中确定下来，接着要确定设计风格和用色标准。设计风格要与产品整体的调性保持一致，而整体色调则可以从项目背景、产品定位、用户特征中提炼出最核心的关键词，再根据关键词关联到合适的颜色，又或是沿用固定的品牌色。然后，开始制作精美的高保真原型。（图1.20）

图1.20 内容类App的高保真原型示意

原型工具可以高度模拟用户与产品之间的交互过程，且所有的视觉信息都高度拟真，色彩、字体、图标、动效……所见即所得。相比开发整个项目来说，原型是一种低成本的可视化方式，可以使利益相关方做出直观的演示，在尚未进入开发的阶段就还原出产品的功能与流程，进行查漏补缺。而在进入开发阶段之后，一个高保真原型可以减少设计师与开发人员之间的沟通成本，用一种具象化的方式化解工程师看设计稿时可能产生的疑惑。

1.5.11 设计审核

"设计审核"（Design Review）这一步骤针对的是公司内部的设计师（in-house designer），需要在设计完稿后通过设计经理、产品经理和研发人员（有时还包括项目经理）的审核，主要看设计和落地两方面是否存在问题。如果视觉、交互、设计规范等方面不符合要求，抑或是研发方面认为实现难度太高，都需要打回设计稿进行修改和优化。

1.5.12 设计交付

"设计交付"（Design Delivery）指将完成并过审的设计稿交付给前端开发人员，在这个过程中设计师需要清晰、明确地传达给工程师产品的交互设计需求，并将icon等图形设计进行切图导出，通常会用到 "PNG" "SVG" "BMP" 等格式，具体因项目需求而异。设计师需要熟悉切图操作以及每种导出格式的特性，并在交付时直观明了地标注每一个元素的尺寸、位置、间距……，还有字体、颜色以及透明度等信息，确保设计规范能够正确执行。另外一种方式是，将切图在B端工具中转换为链接的形式，直接在设计稿上标注切图链接以及尺寸、位置、间距等设计规范，这样前端开发就可以一边按照标注的设计规范进行开发工作，一边直接在设计稿上获取当前开发进度所需的切图。有些公司的设计师会连同交互说明一起备注在设计稿中，这样就省去了单独的交互文档，可以更高效、直观地对着设计稿看交互需求。

1.5.13 设计走查与UI验收

"设计走查"（Design Walkthrough）指的是交付设计稿后协助工程师将项目落地，在这期间与开发人员密切保持联系，监督工程师正确无误地执行界面各方面要素，确保产品的实现效果符合设计预期，实时跟进开发进度。设计师会收到工程师开发完成的研发稿（即产品的测试版本），该版本尚未发布在线上，只在测试环境用于验收效果。通常在产品经理验收一个产品的完整流程之前，要由设计师先进行 "UI验收"（UI Check），确保界面符合设计规范、交互符合预期的用户体验。在这一过程中设计师需要将测试版本的研发稿与设计稿进行严格比对，如果遇到工程师不按设计稿做，比如字体大小、间距、颜色、透明度等视觉样式与设计稿不一致，或者遗漏了某个交互环节、某个转场动效，设计师都需要及时发现并监督工程师完成修改。有时也会遇到工程师无法理解设计中的某个细节，或是在实际开发环节中提出目前技术无法实现的功能，那设计师就需要协同工程师解决遇到的问题，在必要的情况下返稿、修改设计。

设计师一般会有三种比较常用的沟通模式：

第一种模式，是当面口述设计要点并解答疑点。设计师可以站在程序员的工位边上，直接说出问题所在并看着他们修改，直到问题解决，这是对于工程师来说最高效的一种做法，但是需要设计师在这段修改的时间里全程陪同，比较消耗沟通的时间。

第二种模式，适用于设计师因还有别的工作而不便抽出大量时间用于设计"走查"的情况。设计师可以在检查开发进度后，将不符合预期的细节截图直接发送给开发人员，通过邮件或社交软件

（抑或是办公通讯工具）进行反馈，帮助开发顺利进行。

第三种模式，是创建一个在线文档记录所有的设计问题，最好是图文并茂的形式。只要设计师与工程师共享这个文档，工程师就可以随时看到反馈，也可以通过这个文档汇报修改进度，对两边来说都很有效率。只不过这种方式需要确保你的对接方不会疏于查看这个文档，如果长时间没有收到修改回复，那你可能需要回归第一种模式，直接当面解决问题。

1.5.14 辅助上线

设计师不会在UI验收完成的那一刻就完成所有工作，而是需要全程跟随完成一个项目的落地。"辅助上线"（Assistance for Product Launch）的工作就是指协助产品经理和研发测试人员对项目的上线，在开发与测试的过程中解答关于设计规范的相关疑问，此外，还要提供站内、站外各个资源点位的"入口图"。即使用户端界面验收无误，服务端也通过了测试，如果不给这个页面在站外或站内开设入口，用户便无法来到该页面进行浏览，该页面也就不会有流量。"开流量口子"的工作通常交给产品经理，而设计师的工作则是要配合产品经理给开设的资源点位制作入口图，其中包括"icon""Banner""弹窗""开屏广告"等，甚至还有分享到微信朋友圈的"分享图"、公众号文章嵌入的"小程序卡片"、各类新媒体渠道的"营销宣传图"等。设计入口图需要严格符合产品的定位，同时还要具备对用户的吸引力，比如制作Banner时，就可以沟通产品经理提供文案，将产品的卖点暴露在Banner的文本信息上，吸引用户点击。Banner上线后，还可以询问产品经理看流量和点击率数据，调整Banner的设计和文案，试出点击率更高的设计方案。需要注意的是，每个资源点位都有不同的尺寸规范，切记不能无脑地将同一张图给多个入口使用，即使都是Banner类型，也可能发生因尺寸不同而导致拉伸、模糊的情况。在了解各点位尺寸的情况下，同一种样式可以生成多个尺寸，应用于多个不同的入口，以减少"时间紧任务重"时期的人力成本。每个点位的设计规范信息，可以询问该位置的"设计Owner（即完成这个设计的人）"，除了尺寸以外，有些点位还有颜色限制，只能在规定的颜色范本中选择一种进行使用；亦或是这个入口图的Button无需UI出图，而是由开发侧直接配置，这种情况下如果还在图上画了Button，就不符合规范，容易发生错误。

1.5.15 迭代优化

在项目落地后，负责这个页面的设计师通常就是该项目的设计负责人（Owner），不会轻易变更，需要做好准备接受其他相关方对于该页面设计规范的询问，以及后续的"迭代优化"（Iteration）工作。作为以用户为中心的设计师会采用迭代的方法来解决产品使用过程中发现的问题，持续改进UI设计。千万不要总想着一次把所有你想到的问题都解决，如果在一开始建立原型时就处处要求完美，那就会把太多时间花费在不知道用户是否需要解决的问题上。不能一意孤行地做设计，凭空想象某个产品从构建到发布就能够一举获得成功，而是通过回归用户来测试问题所在，让用户成为产品优化的向导，这是设计者改善设计方案最高效的方式。

因此，在产品的迭代过程中需要源源不断地收集用户反馈，需要知道目前产品的弱项在哪儿，用户急需看到哪些功能被优化。涉及用户数据、用户评价等方面的收集工作并不一定需要设计师去完成，可以向产品经理询问某个功能点的具体数据、分析报告（如某个页面的用户浏览时长分布，某个按钮的点击率等），或是直接从产品侧拿到迭代需求，但是在整个过程中需要设计师持续跟进，针对用户体验对界面设计和交互功能做出优化和改善，配合整个产品的迭代优化工作。

1.6 UI设计师技能

UI设计师的技能由六种能力构成，分别是视觉设计能力、用户体验感知能力、代码逻辑能力、沟通能力、创意思维能力和趋势观察能力。在这些能力中既有需要长年累月培养的硬实力，也有在日常生活中逐渐积累的软实力。（图1.21）

1.6.1 视觉设计能力（★必备）

视觉效果决定了用户看到产品时的第一印象，而设计能力则决定着成为UI设计师的入职门槛。要做出一个好的产品，只会制作美观的原型是远远不够的，美术基础是支撑产品设计的关键要素，因此视觉设计训练常常作为UI设计师的必修课程。

图1.21 UI设计师技能

对一个界面本身而言，要经历从线框到灰稿，从低保真再到高保真的过程，B端和G端讲究功能性，视觉风格上更偏向严谨有序、简洁明了；而C端则更重视用户的情绪体验，不管是将丰富多彩的矢量插画作为界面的主视觉，还是增加俏皮可爱的动效强化正向反馈，或是渲染出灵动的三维图标做视线引导、吸引点击，都要求活用视觉传达的知识，捕捉用户的眼球，同时要注意整体的平衡性，不要让某个细节太"重"，抢了戏又形成干扰，让用户感到烦躁。

而在界面的外部，有着诸多引导用户进入页面的方式，用于引流的资源点位通常需要设计师提供入口图，正如前文所说，其中包含"icon""Banner""弹窗""广告海报"……数不胜数。这些都要求设计师具备良好的平面设计以及排版能力。

在许多UI招聘要求中，都明确给出了"熟练完成切图和标注"的工作内容。当设计者将设计定稿后，还有极其重要的一步，就是对设计进行切片，并将切图提供给前端的开发工程师。通常是利用企业提供的工具或网站，将图片转为链接，以链接的形式交付开发。此外，还需要在设计稿上对尺寸、间距、文字样式等信息进行标注，这些信息会成为前端代码中的重要参数。切图与标注都是为了高度还原你的设计，并且也为开发工程师节省了解读设计稿的时间与成本。因此，切图和标注也是设计师必备的技能之一。

1.6.2 用户体验感知能力（★必备）

用户体验是决定一个产品能否实现目标转化的关键，不论设计了多么美观的页面、多么炫酷的动效，设计者的核心的设计目标都是满足用户的预期，从而吸引更多新用户使用产品，提高产品曝光率和影响力。界面设计和用户体验的关系越来越不可分割，这也是为什么许多企业设置了"UX / UI"或"UI / UX"这个岗位。如果一位UI设计师所展示的作品集空有精致的界面，而无法体现出其中的用户中心理念，那么这位设计师毫无疑问地缺少了关键竞争力。设计者有很多种方式去可视化用户体验，并将它们展示给他人，比如"用户画像""用户旅程""移情图"等工具。而想要真正地满足用户所预期的体验，需要充分运用设计者的同理心和逻辑分析能力，通过数据、观察、访谈等方式，去洞察用户内心深处最想要的是什么。譬如，用户的痛点是什么，设计者该如何解决？用户的痒点是什么，设计者该如何捕捉？用户的爽点是什么，设计者该如何满足？用户的黏性和满意度都建立在他们使用软件时真实的体验之上，不辜负用户的预期，并充分地经营用户的超预期，培养用户的感知，抢占消费者心智，才是成为一名专业设计师的关键。

1.6.3 代码逻辑能力（▲辅助）

人们经常错误地认为设计师只要懂设计就够了，编程工作交给软件工程师即可。是的，如果你一点也不懂编程，相信你也完全能够成为一名出色的UI设计师。但是如果愿意抽空掌握一点点代码开发的知识，将它装备进你的辅助技能，那么你绝对可以更上一层楼。如果你想进阶成为一名独立设计师，那么从设计架构到落地上线，所有的一切都需要你有足够的能力靠自己完成，开发的技能对你而言就是必须的。如果你需要与前端工程师合作才能完成你的产品，那么对"CSS""Html""JavaScript"等前端技术，甚至对"Python""Java""Go"等后端开发语言有所涉猎，基本理解开发的底层逻辑，势必会让你与工程师的沟通效率翻倍。在设计中的某些细节方面，如果能够事先设想到此处的代码可能会怎么写，这样的功能是否可以实现，你就能用更大的视野来看待整个项目。这样就不是在交付设计图之后由工程师单方面地判断落地的可行性，而是在设计过程中就明确知道哪些是完全可以实现的，哪些则完全是异想天开。针对不确定的地方，设计师可以在对底层逻辑有了自己的设想和把握后，再去咨询工程师的专业建议，决定是否为了产品更好的呈现方式去坚持大胆的设计，还是在设计前期就做出理性的取舍，从而节省时间和精力。

1.6.4 沟通能力（▲辅助）

如果你不是一名独立设计师，而是选择进入设计机构或是为公司工作（通常称之为"in house"），那么学会团队合作是开展任何项目的事前准备。如何在会议上发表自己的见解，如何与队友协作让设计进程变得更高效，如何把设计图和需求顺利交付开发人员，如何在设计走查中坚定地指出错误并清晰地提出修改要求……良好的沟通能力会助你一臂之力，请记住，不要表现得过分谦逊。设计师或许都下意识认为做一位礼貌又和善的"朋友"比较好，于是极力避免意见不合所导致的冲突，可是在团队合作中，冲突或许是让结果变得更好的催化剂。在出现意见分歧时不妨有理有据地传达自己的观点，也别忘了倾听他人的话语，即使你与团队成员之间存在经验的差距，你要相信你深思熟虑的想法也是万分宝贵的，重点不在于谁对谁错，而是如何让产品走得更好。

如果你已经是一名自给自足的独立设计师，那么沟通能力同样是你不可或缺的一把武器。你需要正确宣传你能够提供的价值，从而避免在同行竞争和价格谈判中被低估，提供一个更低的价格绝对不是你的竞争优势，而是贬低UI设计师整体劳动价值的帮凶。在任务中，你需要与客户保持积极的沟通，不管是向客户展示设计图与原型测试，还是在产品迭代中收集客户的意见反馈，都不能陷入自说自话的状态，最好用客户能够理解的方式来呈现你的设计，用直观的可视化模型来描述产品价值，最后，用自信和责任心来把握住你的客户。

1.6.5 创意思维能力（●加分）

当前市场内卷严重，尤其是C端产品，如何从众多高度同质化的产品中脱颖而出？好的创意不会辜负你的期待。为市场打入新鲜血液，争取独一份的客户和利润，站在创意的制高点上，永远会比单一的跟风和模仿视野更开阔。当然，创意并不能止步于"idea"，如何最终实现整个产品的落地，仅仅拥有创意思维还不够，设计师仍然需要设计实力的支撑。设计师必须记住，创意思维只是一个加分项，没有真刀真枪的实操能力，就永远只会是纸上谈兵。

1.6.6 趋势观察能力（●加分）

用户需求不断地演变着，技术更是在快速地发展中，大众的兴趣和偏好也每时每刻都在经历变革，在这种市场环境之下一件产品的淘汰似乎变得轻而易举。设计师有责任紧密关注设计流行趋势，紧跟行业内的前沿设计与技术发展，了解市场动态，关注各类竞品的情况，从中提取设计灵感，不断改进设计师做产品的思路，提升设计的质量和创意。设计师要养成定期做大量竞品分析的习惯，经常性地浏览设计资源网站，积累各种灵感碎片和设计素材。同时也要时刻关注当前人们对功能的最新需求，培养对市场稀缺产品的敏感度，学会预测哪些产品会有市场前景，哪种视觉风格和版式设计正在流行以及将会流行。如果不能准确地把握市场动态，就无法跟上时代，无法为用户提供符合最新需求并且满足期待的设计。因此，对于设计师而言，趋势观察不仅是一项高度加分的能力，同时也是为提升竞争力必须养成的习惯。

1.7 UI设计师常用软件

1.7.1 常用软件介绍

（1）原型制作软件

1）Adobe XD（For MacOS & Windows）推荐度：★★

Adobe XD是一款一站式UI设计平台，用于设计面向Web和移动应用程序的交互式用户体验。利用XD中的画板可以快速简单地完成设计，将画板连接在一起就能创建与他人共享的交互式原型，除此之外还可以使用插件、自动执行重复操作等功能。值得一提的是，Adobe XD已实现与"Photoshop""Illustrator"和"After Effects"的良好集成，可以将这些软件中的资源直接导入XD中使用。

优点：完全免费；功能简单；可联动多款Adobe软件。

缺点：BUG多；国内版本很多插件无法使用。

2）Axure RP（For MacOS & Windows）推荐度：★★★

Axure RP是一款高度专业化的原型设计工具，能够高效快速地创建线框图、流程图、原型图等，帮助UX&UI设计师与开发人员进行清晰的沟通，并向客户演示设计方案是如何有效为受众提供价值的，以便于获得用户反馈和迭代意见。在Axure RP的官网首页，UX项目经理Ravid评价这款软件简洁明了，能够轻松实现从低保真到高保真的原型制作，广泛的交互和集成使设计师能够快速地还原真实的用户体验。

优点：功能齐全；交互多样；"Axure Cloud"云协作空间

缺点：初学者难上手；团队协作功能不全面；软件崩溃时无法自动云存储

3）Sketch（For MacOS）推荐度：★★★★

Sketch是一款为界面设计而生的矢量绘图工具，操作简单，功能全面，能够完成从早期线框图到高保真原型的所有设计过程。庞大的插件库资源，无限延伸的画布，动态的布尔运算，即使是不规则icon也能无痕导出的切图，扁平化、易识别的界面图标，完全不卡顿的响应速度……Sketch优势突出，非常适合新手使用，但目前仅支持苹果系统。

优点：轻量化；操作简单；插件库庞大

缺点：无法在线协作；只支持苹果系统

4）Figma（For 网页端 + MacOS + Windows）推荐度：★★★★★

Figma是一款协作式UI设计工具，也是现如今国内外各大公司在考虑UI设计时的主流选择，它同时支持网页端、MacOS或Windows用户使用，具有专业化、一体化、高效化、轻量化等优点，在处理大型文件时的速度远高于同类型的其他设计工具，基本所有的功能都可以免费使用，并且拥有专为UI设计而提供的海量插件。最值得一提的是它的在线云存储和实时协同创作，团队里的每位成员都能通过评论功能同时实现设计和交流的过程，设计文件保持同步更新，得到链接分享的利益相关者可以随时查看项目进程和原型展示，以确保工作流的高效性与可见性。同时"FigJam画板"提供在线白板功能，便于团队随时随地进行头脑风暴与创意共享。

优点：初学者易上手；在线协作；云存储；自动保存；插件库庞大

缺点：汉化尚不完全

（2）交互动效软件

1）Adobe After Effects（For MacOS & Windows）推荐度：★★★

Adobe After Effects简称AE，是一款专业全面的图形视频处理工具，集成了一系列用于视频特效和动画合成的强大功能，属于影视后期制作的主流软件，而在UI设计中主要用于交互动效的制作。

优点：功能全面；自带数百种预设效果

缺点：操作繁琐；渲染缓慢；使用时内存占用率过高

2）Principle（For MacOS）推荐度：★★★★★

Principle是一款由前Apple工程师打造的动画交互设计软件，用于制作动画、交互效果或是多屏幕应用程序，操作简单，界面简洁，时间轴清晰，使得设计动画原型和交互式用户界面的过程变得更加轻松。Principle支持直接从"Figma"或"Sketch"导入设计文件，实现丰富而生动的交互动效，最终可以选择通过网页的形式分享设计成果，以便他人直接在浏览器中测试交互体验。

优点：界面直观易懂；操作简单；分享便捷；轻量化；可联动Figma

缺点：目前仅支持MacOS系统

（3）其他进阶软件

Adobe Illustrator（For MacOS & Windows操作系统）：一款矢量图形处理工具。

Adobe Dreamweaver（For MacOS & Windows操作系统）：一款网页代码编辑器。

Cinema 4D（For MacOS & Windows操作系统）：一款三维动画渲染与制作工具。

1.7.2 为什么要打造Figma + Principle的生态圈

为什么许多专业的设计者都推荐将Figma作为UI设计师的第一款原型工具？因为Figma可以在网页端被访问，一位免费用户就可以使用它的所有功能，零下载成本、零学习成本，并且无门槛下载海量的模板和插件，可以辅助初学者的UI学习。好工具是一名设计师必不可少的得力助手，现在越来越多的团队开始使用Figma，它的云协作大大提升了团队工作效率，云端存储也避免了断电或是软件崩溃的烦恼。当你选择Figma作为你的第一款原型工具时，它大概率也会成为你的最后一款原型工具，伴随你的整个设计生涯。它同时支持"Sketch格式"的导入，即使你的对接方使用Sketch等软件，你也能通过Figma轻松打开。而Principle是一款非常轻量级的动效处理软件，用5分钟就能制作出一个具有完整交互效果的原型展示，还可以将生成的视频或者"GIF"一键分享出去。将设计文件从Figma中无缝导入到Principle中，可以从原型设计直接过渡到动效制作，整个工作流既轻松又愉快。

1.8 优秀设计师的工作技巧

1.8.1 工作排期——合理分配工作时间

每一个项目都存在预算限制，最主要的限制体现在技术和时间的成本上，而设计师所能做的是控制时间。下面讨论时间分配的两种情况：

第一种情况，假如你是一名"公司内部设计师"（in-house designer），领导（Leader）为你制定了设计工作的排期。

每个人的工作都有且应该有一个排期。排期意味着你有一个确定的任务交付时间，在"最后期限"（Deadline）到来前也不会受到任何人的催促。你可能被分配多个任务，但每一个任务都分配有一段固定的工作时间。这个排期的顺序已经说明了所有任务的优先级。在你进行 A 任务（更紧急）的期间，通常不会受到 B 任务（相对来说不那么紧急）的干扰，以确保最高的执行效率。相对的，如果你没能在这个节点之前完成工作，那么这个任务就会占据下一个任务的时间，你将同时处理两份工作，造成力不从心的局面。记得要提前向 Leader 或该项目的产品经理反馈延迟（Delay）的情况，好让他们及时协调更多人力来处理这个局面。

第二种情况，假如你是一名自由工作者，能够自己决定排期。

针对不同的迭代周期，设计师需要抉择眼下应该对哪一个功能进行优化。针对一个最小"可行性产品"（MVP），设计师更需要砍掉一些细枝末节，优先设计这个产品的核心功能，后期小步快跑来实现敏捷迭代。设计师可以绘制一个"重要紧急"四象限来安排工作的优先顺序，以便更好地控制时间预算。四象限分成"从重要到次要"、从"紧急到宽松"切割而成的四个区域，将需求池中的需求按重要和紧急的程度排列在象限内部，并根据"重要且紧急">"重要不紧急">"紧急不重要">"不紧急不重要"的顺序规划工作，确定什么是当前周期最应该做的事情，并善于反驳"不紧急不重要"的需求，在无法协调资源时延迟"紧急不重要"和"重要不紧急"的需求（记得提前通知所有相关方）。（图 1.22）

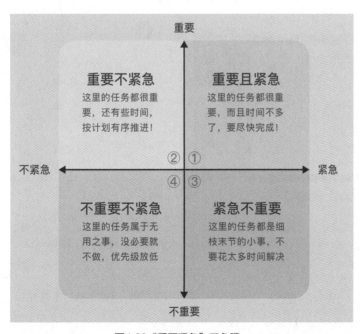

图 1.22 "重要紧急"四象限

1.8.2 A / B测试——通过数据来衡量设计成果

设计师的大忌是一味陷入自我的主观臆测，绝不能立足于一个制高点，傲慢地凭空猜测用户的想法。避免"设计师偏见"（Designer's Bias）的做法是，经过扎实的用户调研，深入理解用户背后的真相，从而推演出一系列逻辑。好的用户体验永远需要回归用户，通过用户来证实设计中的想法，在这个过程中业界常常用到一种分离式组件实验，即"A / B测试"（A / B Testing）。

在互联网企业广泛被提及的A / B测试，往往由产品经理和数据分析师操作，通常被用于样式改版之际，对线上的用户进行分流，将改版前的样式作为对照组，将改版后的两种样式分别作为实验组A和实验组B，进行用户数据的观察，最终得到结论：用户更喜欢哪种界面？哪种界面更能实现目标转化？这些数据结论会被反馈给设计师，成为下一次设计工作的经验。

而对设计师来说，有一些分享A / B测试数据分析结果的网站（比如"Good UI"）能够帮助设计师迅速累积经验，掌握用户的喜好。以"Good UI"网站为例，设计师在分析报告中会看到A和B两张屏幕截图，并从用户数据中发现他们会更加喜欢哪一种界面。在测试时测试者需要控制界面的所有元素一致，只针对想要测试的问题做出两种不同的设计，成为一个对照组，比如在注册账号时，用户是喜欢在一个页面中完成所有信息的填写（即"Single Step Popup Modal"），还是更喜欢让每一个填写步骤都作为一个单独的页面，将"注册"这一行为分解成多个步骤（即"Multiple Steps Sign Up Funnel"）。这可以理解为一种控制变量的方法，举个生活中的例子或许更容易理解，如果想知道某人在吃早餐时更喜欢搭配豆浆还是牛奶，那么只需要准备同样的早餐，并分别搭配豆浆和牛奶，然后让这名用户选择，测试者就能知道答案。"A / B Testing"正是这样一种测试，测试者将同样的选择分享给成千上万名用户，从而知道什么样的设计能让用户体验更好。同理，测试者也可以将更多的选项呈现给用户，做一个"A / B / C / D / E / … Testing"。（图1.23）

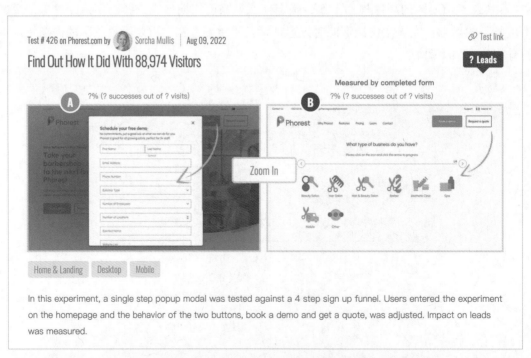

图1.23 "Good UI"网站上的一项AB测试结果（作者：Sorcha Mullis）

2

什么是好的 UI 设计

● 本章知识点

用户
体验

在初步建立了UI设计知识体系之后，还需要了解用户中心设计以及UI设计的评价标准是什么，设计师可以通过案例分析和审美积累来持续锻炼自己的设计思维。

好的 UI 设计

优秀案例

2.1 用户体验——以用户为中心设计

"用户体验"（User Experience，简称UE或UX）一词最早由美国认知心理学家、计算机工程师、工业设计家唐纳德·诺曼提出，他认为"用户界面"和"可用性"这两个概念太过狭隘，于是想要提出一个能够涵盖人与系统各方面体验的概念。顾名思义，它关乎用户使用某个产品时的心理预期和主观感受。而用户体验设计正是一门讨论如何设计出理想体验的学科，它发展到如今已经不仅仅限于界面设计，还涉及很多其他类型的产品和服务。例如，一把椅子如何让老年人坐得更舒适，一只"马克杯"如何让人喝水时的心情更愉悦，这些都能够被称之为用户体验。但当人们提到"UE"或者"UX"时，更多的还是指软件设计领域。

"谷歌"（Google）自创建以来，就始终坚守着一个信条："以用户为中心，其他一切自然水到渠成。"一个优秀的设计师总是以提供最佳用户体验为宗旨，极力确保最终的结果能够满足用户的需求，尽可能赢得用户对产品设计的认同感。

越复杂的项目，越能凸显用户体验的重要性，对某一个细节的忽视或是判断失误甚至有可能会直接导致用户放弃整个产品。有些大规模的公司会将调查和分析产品用户体验的工作单独交给一类设计师（UX Designer）来做，但是也有很多情况下这些工作要求和提高产品成功率的压力是直接附加给UI设计师的。因此设计者必须熟练掌握用户体验设计的核心，运用以人为本的设计方法——"以用户为中心设计"（User-Centered Design），才能做出让用户的使用过程充满享受而非消极情绪的产品。

全球最顶尖的创新设计公司之一IDEO提出，以用户为中心设计追求一种最有价值的解决方案，目的是达成"用户可欲性""技术可行性""商业可行性"三者的平衡。（图2.1）"用户可欲性"指的是产品能否通过对用户的生活产生积极影响来吸引用户使用它。你的产品是否是用户真正需要的，能够解决燃眉之急的痛点；同时它是否也是用户乐于拥有的，能够提供一定的情绪价值。"技术可行性"指的是设计方案是否与当前技术资源能够实现的开发水平相匹配。"商业可行性"指的是产品的商业模式是否有利可图。以"用户可欲性—技术可行性—商业可行性"的顺序出发，先确定能够吸引用户的解决方案，再确保当前的技术能够实现这个方案，最后探讨如何使产品的商业模式变得有利可图，试着想象这三个范围的交集，那会成为你的最终解决方案。也就是：

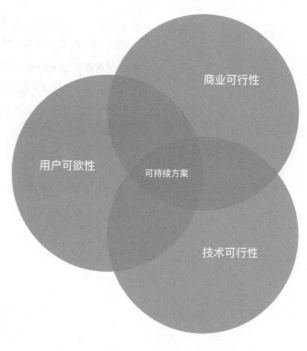

图2.1 IDEO提出的可持续方案模型

用户可欲性＋技术可行性＋商业可行性＝一个设计成功且可持续的解决方案

无论何时设计者都应从用户的角度出发，这是以用户为中心设计的核心准则。充分利用自身的同理心去了解用户的希望、恐惧和诉求，从而发现用户的真正需要。在这一过程中，设计者需要学会辨别用户的真实需求和伪需求。有时用户直接提出的渴望并非是他们真正需要的，正如福特汽车创始人亨利·福特所说，"在汽车出现前，如果你问人们需要什么更好的交通工具，他们的答案是一匹更快的马，而绝不会是一辆汽车。"人们需要的真是一匹马吗？不，他们本质上想要的是一种更快、更利于出行的交通工具，于是福特制造了"汽车"。真正地"发现用户需求"是要去"超越用户需求"，也就是去洞悉用户的底层需求，察觉他们想要的到底是什么。

2.2 好的UI设计

好的UI设计应同时兼备功能、交互、易读、直觉、美观、创意六个方面的优点。（图2.2）

（1）功能

软件是否具有实用性的价值，是决定目标转化的关键。用户下载设计者的App，走马观花地体验了一圈，截了几张精美的图片，却没能完成他们预期的目标，这样的产品徒有其表，无法发挥其真正的价值。永远不要将用户的注意力从主要目标上分散，任何锦上添花的细节都不应干扰主要流程，是否能满足用户预期的功能才是一个产品最本质的核心。

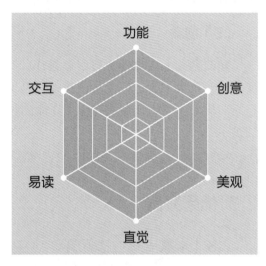

图2.2 UI设计六边形模型

（2）交互

交互体验关乎人与机器之间的连接，在使用产品与服务时，用户是否感到流畅、快速、方便、高效，产品是否针对用户的每个操作都给了足够的反馈，产品提供的服务是否符合用户的预期，这些都会影响用户对产品的满意度。随着技术的进步，更加多样化的交互是设计师探索的方向之一，动效、音效、振动反馈……涉及越多的感官，交互效果就越丰富。良性的交互能带来正向的反馈，用户从中得到激励，从而引发积极的情绪。越来越多的App在"点赞""收藏"等互动行为上增加了多种多样的交互效果，这些都能有效提升用户进行互动的积极性。

（3）易读

可读性是影响用户体验的关键，在添加细节的过程中，设计者应不断自问：是否已经给用户塞了太多信息？这个空间是否因此变得杂乱无章？在自问的过程中，不断调整你的设计稿，在适当的时候停止做加法，反过来做减法，确保用户获得舒适的阅读体验。除此之外，字体是否保持一致，颜色对比是否令人舒适，用户能否一眼看懂图标的含义，按钮是否具有明确的指向性等，都会在一定程度上影响可读性。

（4）直觉

即使是另外一种陌生的语言，用户也应该能通过UI去判断某个Button的用途。符合用户心智的产品，即使没有文字的辅助，也能让用户懂得如何操作。如果一个界面的布局符合市场上大多数用户的操作习惯，那么即使是刚刚下载的新软件，也能立刻按照平时的操作习惯完成用户目标。另外，用户的行为是可以引导的，让按钮在样式上具有足够的引导性，就能在一定程度上"引导"用户进行选择，从而促进你想要的转化率。比如一个可以点击跳转的模块，它的点击感是否强？是否一眼就让人想要点击？这里有一些小窍门，在这个模块中加入一个Button，或是利用一些有指向性或是暗示性的文字，比如"去购买""立即领取"等，是加强点击感的有效方法。

（5）美观

设计产品只有满足用户的视觉感官，用户才会愿意下载，愿意打开，愿意使用。事实上，用户第一眼注意到的永远都是产品的外观，如果不能在第一眼抓住用户的眼球，无论内核多么精彩，都会失去表现的机会。因此，美观是设计中最容易被注意到的部分，也是最容易出彩的部分。

（6）创意

好的创意能在市场上打出差异性，"去同质化"是设计永恒的论题。创意不应经由任何说明文字或是语言来表达，无法让他人一目了然的创意只不过是设计师的自我感动，如何将创意融入产品与服务本身，让用户在使用产品的过程中恍然大悟，才是你的作品在众多竞品中脱颖而出的关键。

2.3 优秀案例

2.3.1 米家——生态闭环

功能：★★★★★　　交互：★★★★　　易读：★★★★
直觉：★★★　　　　美观：★★★★　　创意：★★★★★
风格：极简，高级，柔和，实用

"米家"是一款智能硬件管理平台App，获得了2021年红点奖，它不仅连接了小米及生态链公司的智能产品，同时也开放接入第三方智能硬件，实现通过智能终端完成"电商购买—产品接入—统一控制—耗材续订（回归电商）"的生态闭环。

从图2.3中可以看到，"米家"App的界面无处不彰显着极简主义，纵观整体，它采用了深色模式的视觉设计，奠定了一种高级商务风格的基调，而icon设计中又出现了许多圆角和渐变色，且这些icon基本都与生活场景有关，因此又为界面带来了柔和感，营造了温馨的生活气息。它的定位非常明确，是一款联动智能家居的电子保姆，用于控制灯光、家电、电动窗帘、音乐、安防等，所有交互都围绕智能家居场景展开，考虑了人性化的用户情景，还能根据用户使用习惯自定义个性化的设备控制方案。用户可以简单便捷地通过手机与智能硬件交互，并实现智能硬件之间的互联互通。如果将它的功能简单概括成两个字，那就是"连结"，而App的主流程也都是围绕着"连结"展开的，界面设计服从于功能、实用性和用户需求，自始至终贯彻着"万物互联"的核心理念，实现了自我的闭环，是它的高级感来源。

图2.3 "米家" App截图展示

2.3.2（Not Boring）Habits——正向反馈

功能：★★★★　　交互：★★★★★　　易读：★★★

直觉：★★★　　　美观：★★★★　　创意：★★★★★

风格：醒目、活泼、低多边形

　　"（Not Boring）Habits"是一款习惯养成应用App，获得了"2023年Apple设计大奖趣味性（Delight and Fun）设计奖项"。这款App提供的习惯养成机制结合了科学研究，即人类需要重复新行为60次，才能养成习惯。

　　从图2.4中可以看到，整个App的功能非常明确而直接，即针对某个习惯的周期性打卡。这款应用如何能从那么多专注于打卡的App中脱颖而出？创新之处在于它重新定义了"打卡"行为的附加产物，以及一系列给予用户积极情绪的趣味交互。用户初次进入应用，会触发一段新用户的动画引导，伴随简单的"点击交互"和循序渐进的三维动效，介绍App的使用方法，并引导用户从头创建一个"习惯"，设置周期提醒时间，并通过长按完成该习惯，通过音效、动效和振动的多感官反馈，为"周期性打卡"这个行为提供正向的情绪价值。App提供了一些低面数的景物模型，初始状态都是暗色并缺少主体的"基底"，在用户完成一次打卡后，就会在基底之上镶嵌一层补全的金色模型。每一次打卡，模型都能进一步提升其存在感，正如习惯本身刻入了用户的潜意识。当完成60次打卡后，模型才会蜕变为金光闪闪的完全形态，而用户本身也因本次习惯的塑造而焕然一新。App通过具有诗意的"场景搭建"和多感官叠加的正向反馈，一步一步加深用户的成就感，用户也在这种极具趣味性和新奇感的交互过程中塑造了新的习惯，正符合App名称中的"Not Boring"。

2.3.3 Airbnb——氛围留白

功能：★★★★★　　交互：★★★★　　易读：★★★★

直觉：★★★★　　　美观：★★★★★　　创意：★★★★★

风格：扁平，简约，明亮，高级，氛围感

　　"Airbnb"是一款全球特色民宿短租平台App，覆盖了超过220个国家和地区，用户可以按价格、地铁站、便捷设施等快速搜到心仪的房源，这款App曾获"戛纳2015年度金奖""Clio 2015设计奖""2016年Google Material Design聚焦高效奖"等国际知名设计奖项。

　　从图2.5中可以看到，Airbnb整体设计风格扁平、简约、明亮且充满高级感，首页采用大圆角的卡片式布局，独到之处在于它的留白，如同相框一样将每一幅风景分割开来，在美观和创意的基础上又增添了氛围感。而房屋详情页采用通栏形式进行展示，更能包容复杂的文字信息，在不同的位置使用恰当的字体大小提升精致度和可读性。在视觉和交互上，Airbnb都有非常鲜明的风格，并且所有设计都围绕着产品功能本身，以预订民宿为主要流程，操作简单，符合直觉。

图2.4 "（Not Boring）Habits" App截图展示

图 2.5 "Airbnb" App 截图展示

2.4 选A还是选B？——界面设计局部案例练习

看界面设计的优劣，一般可以通过以下三点进行评估：

第一，设计经验。随着工作年限上涨，设计师自然而然地会累积许多经验，而且在工作中定期汲取优秀作品的营养，可以使设计师获得快速成长。

第二，数据支撑。可以通过某个按钮的点击率知道用户是否会被这个按钮的设计吸引，通过页面的停留时长分布判断这个页面上的信息是否被良好地展示。

第三，用户心智模型。简单来说它也就是用户对某件事的看法。例如，当人们想要买书时，可能第一反应是访问"当当网"；当人们想买电器时，可能第一反应是访问"京东网"；而当人们想贩卖二手物品时，可能第一反应是上"闲鱼网"。这些在潜移默化中被养成的惯性思维，就是设计师经常说的用户心智。做出符合用户心智的设计是十分重要的。当设计师正在纠结某个按钮的位置时，不妨想想大多数人的习惯是什么，放在这个位置用户是否舒适，是否顺应直觉。

以下练习是一些界面设计中的局部案例。在练习案例中选择你认为更好的设计，并填下答案，然后再查看正确答案和具体解析。

界面设计练习一：不干扰用户的按钮设计

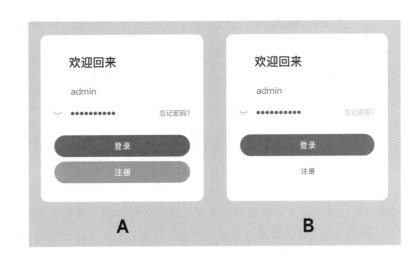

你的答案：＿＿＿＿＿＿＿＿

解析：

方案A将"注册"做成了与"登录"相似的按钮，这可能会导致信息的层次被混淆，次要的按钮不应与主按钮占有同等的视觉空间，容易对用户造成干扰，设计师应该严格区分信息层级，尽量避免同一空间出现两个过于相似的按钮。

方案B将"登录"作为主按钮置于最醒目的位置，保留了高饱和的底色，而"注册"则是无边框的样式，字号比"登录"更小，与主按钮对比明显，保证了主按钮周围空间的整洁。"忘记密码"的使用频率则更低，方案B对"忘记密码"进行了弱化处理，使"忘记密码"与"注册"的颜色存在一定区别，拉开信息的层级，让用户的使用体验更舒适，可读性大大增加。

因此更推荐方案B的设计。

界面设计练习二：按钮的顺序要跟随用户的习惯走

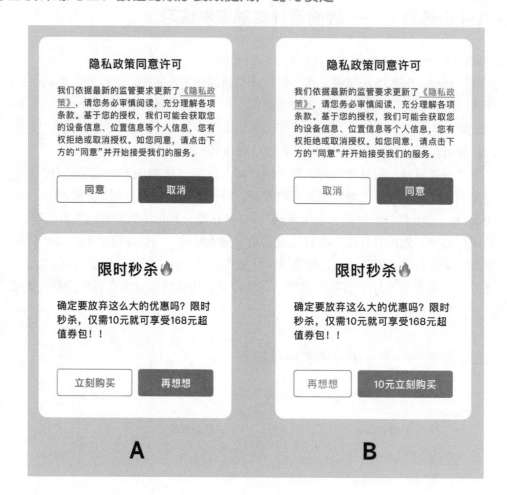

你的答案：_____

解析：

方案A将肯定的选项放在左侧，并以线框的形式弱化了按钮的体积，使用户的视觉重心放在否定的选项上。这其实是一种失败的诱导，设计师究竟想把用户的视线吸引到肯定的选项还是否定的选项上呢？经过大量的数据验证，在单手使用手机的情况下，右手操作手机的用户比左手操作手机的用户数量高，因此将肯定的选项放在右侧，会更利于他们做出肯定的选择。而用户也逐渐形成了这样的习惯：左侧是返回或取消，右侧是保存或确定。

方案B中按钮的放置顺序则与方案A中的完全相反，更符合大多数用户的操作习惯，"同意"和"立刻购买"的按钮位于右侧，颜色填充在表示肯定的按钮中，加大了按钮的视觉权重，而表示否定的按钮以线框的形式弱化，字体也更细，如此能在一定程度上引导用户做出肯定的选项。在"限时秒杀"弹窗中，方案B更将"10元立刻购买"的按钮拉长，挤占"再想想"的空间，强调了购买按钮的存在感，这能够有效提升这一步骤的转化率。

因此更推荐方案B的设计。

界面设计练习三：利用按钮的颜色提醒用户避开危险操作

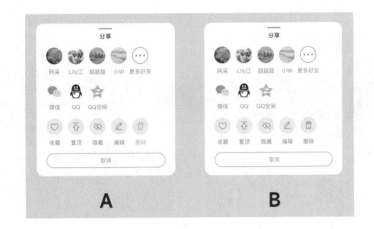

你的答案：＿＿＿＿＿＿＿＿＿＿＿＿

解析：

　　方案 A 中"收藏""置顶""隐藏""编辑""删除"五种操作按钮色几乎都是灰色的，而且"删除"作为不可撤回的危险操作，其颜色却比其他按钮色更浅，这不仅容易被忽略，还可能会让用户误以为无法点击，从而感到困惑。

　　方案 B 将"删除"按钮设置为了红色（红色是警示色），与其他按钮色区分开来，能够提醒用户注意，减少了误触的可能性。如果在点击"删除"后，再进行二次确认弹窗，让用户确认是否需要删除，并提醒这项操作是否具有不可逆性，就能够进一步降低误操作的风险。

　　因此更推荐方案 B 的设计。

界面设计练习四：颜色怎么对比

你的答案：＿＿＿＿＿＿＿＿＿＿＿＿

解析：

　　方案 A 将图标的颜色融入了模块整体的背景色，使视觉效果不够清晰，用户容易觉得杂乱而难以分辨。

　　方案 B 则将图标的颜色明显区别于背景色，利用对比的方法区分层级，使整个模块有了视觉主次，看上去井然有序。

　　因此更推荐方案 B 的设计。

界面设计练习五：纯白与纯黑

你的答案：_____

解析：

先看第一行图，处于深色模式下的两张图片。方案 A 将文字的颜色代码设置为了 #FFFFFF，也就是纯白，然而这种颜色在深色背景上会显得刺眼，容易造成用户的眼部疲劳，长时间观看还有可能导致字体模糊不清。事实上不仅是纯白，其他高饱和度的颜色在深色模式下也都对用户不太友好。而方案 B 则将文字的颜色代码设置为了更接近灰色的 #E3E3E3，降低了白色的饱和度，文字与背景的对比度降低了，在视觉上舒适了不少，而且看起来文字的颜色依然是"白色"。

接着看第二行图，两张图片看起来都以"黑色"作为背景色，但黑色就一定要用纯黑吗？方案 A 使用了代码 #000000 的纯黑，使得界面上颜色的对比太强了，损害了可读性。而方案 B 使用了代码 #252525 的色，看上去颜色更柔和且依然是"黑色"，这是讨巧的一种选择。专业的设计师很少使用"纯黑"，像谷歌的"设计规范"（Material Design）就建议大家使用代码 #121212 的色作为深色主题外观颜色，能够在深度范围更广的环境中表达出高度和空间。

因此更推荐方案 B 的设计。

界面设计练习六：如何在图片上叠加文字

你的答案：_____

解析：

方案 A 使用了未经处理的原图作为背景，并在背景图上直接叠加了白色的文字，这样呈现的文字不是很清晰，用户很有可能会被背景图上的颜色所干扰，导致可读性降低。

方案 B 在背景图上叠加了一个具有透明度变化的蒙层，使白色文字与背景图之间的对比度更加自然，增强了文字的可读性。

因此更推荐方案 B 的设计。

界面设计练习七：使用系统字体还是艺术字体

你的答案：_____

解析：

方案 A 使用了艺术字体，这使得整体的一致性降低，也不便于产品开发。如果一定想要使用艺术字体，那么可以将艺术字进行切图，以图片的形式提供给开发人员，但过大的图片会影响读取的速度，降低用户体验。

方案 B 使用了常规的系统字体，对开发产品和阅读来说都很方便，在整体视觉上保持了统一，会让用户觉得更加舒适，且完全不会影响读取速度。

因此更推荐方案 B 的设计。

界面设计练习八："有"心机"的圆角

你的答案：_____

解析：

方案 A 中外部卡片的圆角大小与内部卡片的相同，造成了视觉上的不协调，因为虽然内部卡片的边与外部卡片的边的间距基本保持一致，但内部圆角与外部圆角的距离则过大。

方案 B 将内部卡片的圆角缩小了，使内外卡片之间的距离更合理，圆角之间的空隙也更加自然，有效提升了整个界面的精细度。

在这种内外卡片嵌套关系中，设计师会让内部的圆角更小。以下这组公式适用于大部分情况：

内圆角大小的绝对值 = 外圆角大小的绝对值 − 内外卡片的间距的绝对值

这能够使两个圆角的圆心几乎处在同一位置，从视觉上打造出完美的同心圆。

因此更推荐方案 B 的设计。

界面设计练习九：选用框定还是留白

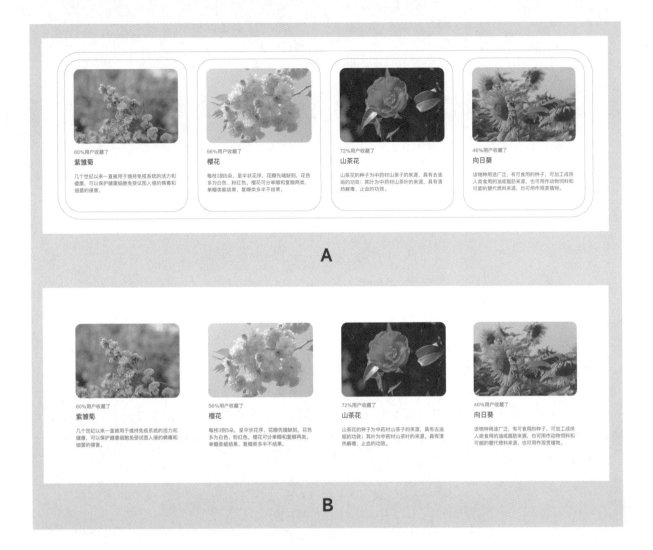

你的答案：_____

解析：

方案 A 将每一组图片和文字框定为一个模块，而后将每一个图文模块又框了一层，这种非必要的线条边框看起来不仅拘束而不自然，还会分散用户的注意力。

方案 B 利用间距和留白打造了图片与文字、图文与图文之间的秩序感以及界面的空间感，井井有条，并不会因无边框而导致杂乱，在确保可读性的同时优化了用户的视觉观感。

因此更推荐方案 B 的设计。

界面设计练习十：边缘空白要怎么留

你的答案：＿＿＿＿＿＿＿＿

解析：

方案 A 的上边距与左边距相同，都是 24px，看起来略显死板而且局促，顶部有点"撑"。

方案 B 将上边距设置得比左边距大，上边距 32px，左边距 24px，这样看上去更优雅而舒适，给顶部保留了足够的空间感。另外值得一提的是，业界一般会将间距设置为 8 的倍数，8 符合偶数的原则，页面布局也通常基于网格基数 8px 的排版系统，这里的 24px 和 32px 都符合 8 的倍数原则。

因此更推荐方案 B 的设计。

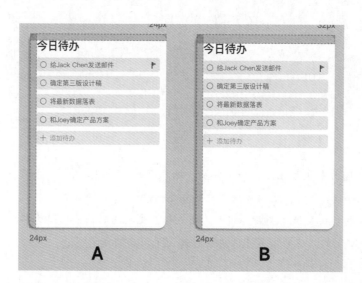

此时细心的你肯定已经发现，本书刚才把相对来说更推荐的一种设计统一放在了方案B选项，现在你会习惯了方案B就是正确答案。这便是培养用户心智的过程。

3

软件详解（Figma+Principle）

● **本章知识点**

Figma

进阶技巧

对理论知识有所掌握之后，可以开始学习UI设计软件的使用方法，接下来将对Figma和Principle两款软件展开教学，新手设计师可以对照视频演示进行同步练习。

Principle

交互动效

看彩色版
扫描这里

3.1 Figma

3.1.1 进入Figma的世界

　　Figma是一款基于web的云应用，支持多人在线协作并实时保存文件，不需要下载客户端或是更新，输入网址即可使用，方便而快捷。作为一款免费的云应用，Figma的功能性却也丝毫不输于传统的矢量作图软件，其支持在线协作的特色功能所带来的工作流程的简化、沟通效率的大幅提升更是帮助其在软件市场中脱颖而出，逐渐跻身主流UED（User Experience Design）软件之列，获得众多国内外知名企业的青睐，与Sketch、Adobe XD等头部软件平分秋色，甚至大有超越之势。可见，Figma已经成为了未来UED从业者所不可或缺的工具。

　　接下来正式开始使用Figma。

（1）进入Figma官网

　　Figma的官网地址：www.fig-ma.com。进入官网后，点击右上角的"Get started"（开始使用）按钮，注册账号后就能够免费进入Figma的网页版应用了。（图3.1）

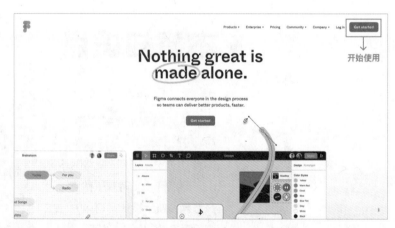

图3.1 Figma官网首页

　　点击顶端导航栏中的"Prod-ucts"（产品）分类下的"Down-loads"（下载），即可下载桌面客户端，其使用原理与网页版完全一致。（图3.2）

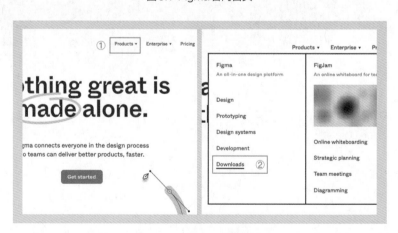

图3.2 "Products"下拉菜单

在"Downloads"（下载）中，还有"Mobile App"（手机App）和"Font installers"（字体选择器）可供下载。

如果设计者使用网页版Figma进行设计，最好在官网中安装图中所示的"Font Installers"（字体选择器），以获取电脑本地的字体资源。（图3.3）

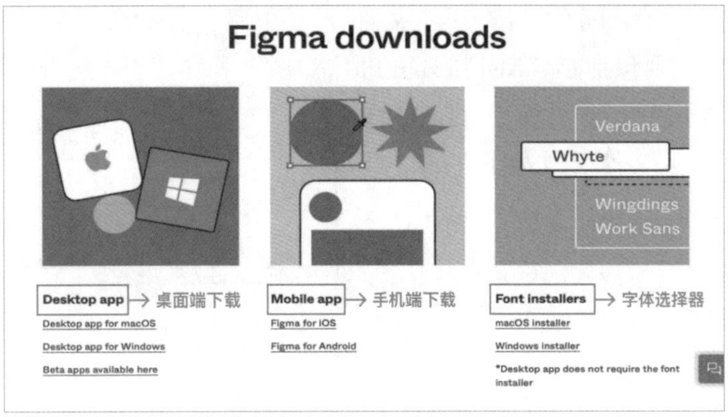

图3.3 "Downloads"下载专区

（2）进入Figma应用

正式进入Figma应用后，可以看到界面主要分为三个部分：左侧菜单、顶部菜单和中间的文件模块。（图3.4）

图3.4 Figma应用首页

顶部菜单栏上有搜索框，主要用于搜索文件、团队及用户，点击搜索栏右方的"Explore Community"（探索社区）则能够进入用户社区，不仅可以浏览和下载其他用户分享的作品、与他们交流，还可以发布自己的作品。

左侧菜单栏的主要功能有"Recent"（最近）、"Draft"（草稿）以及"Favorite files"（收藏夹文件）、"Teams"（团队）。（图3.5）

图3.5 顶部菜单栏（左）&左 侧菜单栏（右）

而中间的"Files"（文件）模块则包括了"New design file"（新建设计文件）"Import file"（导入文件）及最下方的"打开文件"功能。（图3.6）

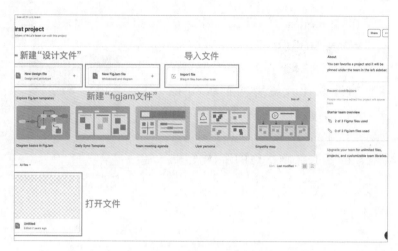

图3.6 "文件"模块

（3）新建一个设计项目

点击"New design file"（新建设计文件）按钮，可创建一个空白画布。（图3.7）

图3.7 新建设计文件

点击"New FigJam file"（新建Figjam文件）按钮，能够创建一个可供多人在线协作的白板。你和你的团队可以使用它来进行在线头脑风暴，探讨项目方案。（图3.8）

图3.8 Figjam文件

（4）认识Figma的操作界面

进入所创建的空白画布中，首先可以看到界面上方的工具栏，以图标的形式呈现，从左到右依次为："Main menu"（主菜单）、"Move"（移动）、"Frame"（框架）、"Rectangle"（矩形）、"Pen"（钢笔）、"Text"（文本）、"Resources"（资源）、"Hand tool"（抓手工具）、"Add comment"（添加评论）。（图3.9）

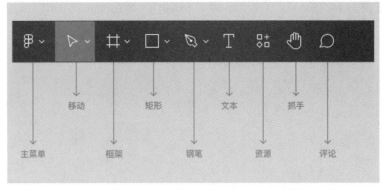

图3.9 顶部工具栏（左侧）

顶部工具栏的右侧显示当前用户，同时放置了"Share"（分享）、"Dev Mode"（开发模式）、"Present"（演示）及"Zoom / view opts"（缩放及视图选项）功能。（图3.10）

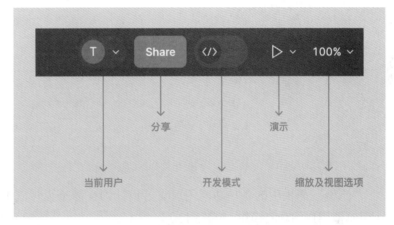

图3.10 顶部工具栏（右侧）

在顶部工具栏的下方，有"Layers"（图层）、"Assets"（资产）、"Page"（页面）三个选项。在"图层"面板中，可以查看图层的基本信息并可对图层进行基本的编辑操作；在"资产"面板中，设计者可以进行组件的调用。（图3.11）

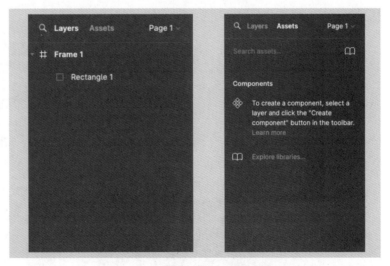

图3.11 "图层"面板（左）&"资产"面板（右）

界面最右侧为"Design"（设计）及"Prototype"（原型）面板，设计面板中包含了对齐功能、属性栏、"Auto layout"（自动布局）、"Layout grid"（约束）、"Layer"（图层）、"Fill"（填充）、"Stroke"（描边）、"Effects"（效果）及"Export"（导出）。（图3.12）

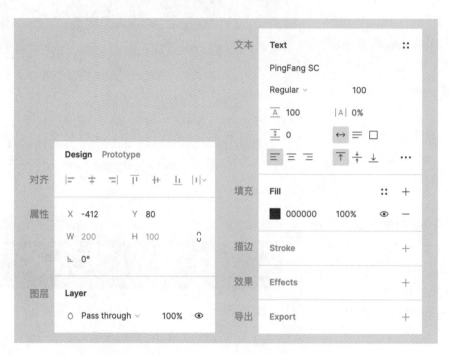

图3.12 "设计"面板

"原型"面板中的各项功能用以支持设计师在静态设计图的基础上创建交互流程及动态效果，从而模拟用户的真实操作。（图3.13）

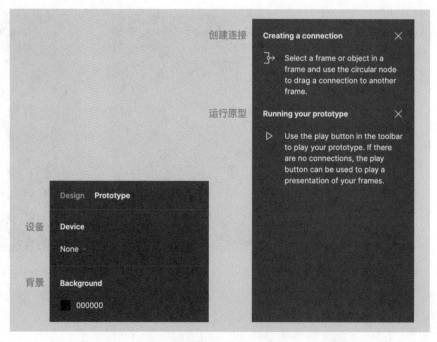

图3.13 "原型"面板

（5）主菜单

在"Main menu"（主菜单）的下拉菜单中，可以看到Figma的基本功能。（图3.14）

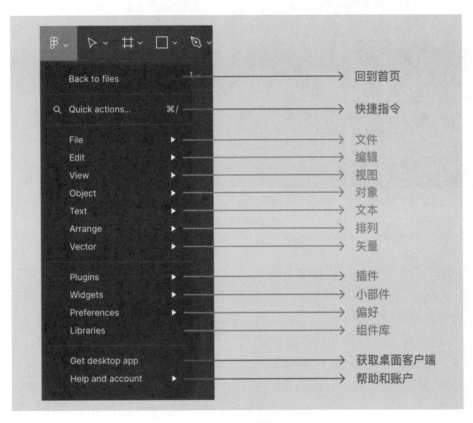

图3.14 主菜单

单击"Back to files"（返回文件模块），将会跳转回首页。

"Quick actions"（快捷指令）功能可为用户呈现Figma的各项快捷指令，同时用户也可以通过搜索栏查询快捷指令。

"File"（文件）与"Edit"（编辑）菜单中的功能与市面上的各类设计软件相类似。

"Plugins"（插件）菜单中包含了十分庞大的插件库，功能齐全，譬如快速填充文本或图像、生成二维码等。合理地使用插件可以帮助设计者提高工作效率，事半功倍。

相较于插件，"Widgets"（小部件）则更像是一个预设了各式交互功能的组件，设计者可以将其拖入画布中进行使用，但不可进行编辑修改。

"Libraries"（组件库）是UED工作中十分重要的功能，专业的设计师往往会用它来制定设计规范以供团队成员参考，或是在设计时进行组件的快速复用，提高作图速度并保证设计稿的统一性，同时也能够方便工程师进行后续的研发工作。

1）文件

"FIle"（文件）菜单下包含了与文档相关的功能。（图3.15）

"New design file/Figjam file"（新建设计文件或FigJam文件），用于新建文件。

"New from Sketch file"（从Sketch新建），可以快速地将设计稿从Sketch导入到Figma中，实现文件在不同软件间的快速传输。

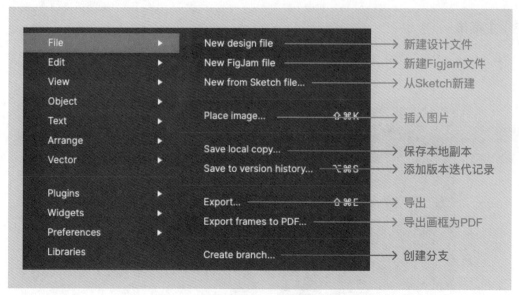

图3.15 "文件"菜单

"Place image"（插入图片），快捷键【Shift + Ctrl / Cmd + K】：可在画布中置入图像文件。

"Save local copy"（保存本地副本），可以帮助设计者将当前项目保存至本地，防止网络不稳定时文件无法进行自动保存。

"Save to version history"（添加版本迭代记录），快捷键【Alt / Opt + Ctrl / Cmd+S】：选择该功能后在弹窗中输入当前版本名称及简要说明即可。

添加成功后即可通过"Show version history"（查看版本历史）功能进行查看，列表中不仅有设计者自主添加的版本记录，还包含了30天内的每次文档修改历史及其自动保存时间。在此处，设计者可以点击每条历史版本进行查看，了解版本的具体更新内容。右键点击版本记录，可以选择重命名该版本、恢复到该版本、通过该版本创建一个副本文档、删除该版本或复制该版本链接以分享给他人。（图3.16）

图3.16 版本历史

Figma的强大云端实时保存功能为设计者的设计工作提供了保障，使设计者无需再担心文件丢失，并且可以迅速查看、调用历史副本，而不需要耗费时间去一一存档，为设计者降低了项目管理的时间成本。

2）编辑

"Edit"（编辑）菜单涵盖了基础的编辑操作功能。（图3.17）

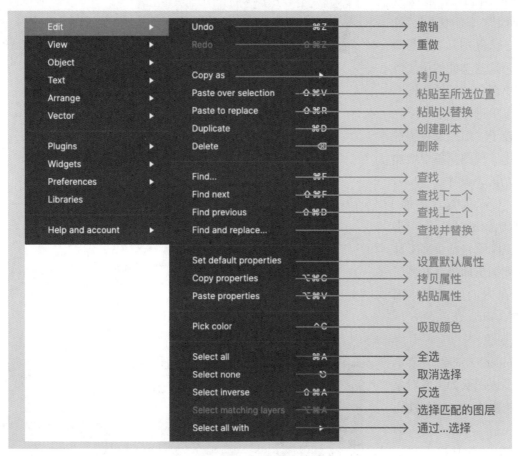

图3.17"编辑"菜单

"Undo"（撤销），快捷键【Ctrl / Cmd + Z】：撤回上一步操作。

"Redo"（重做），快捷键【Shift + Ctrl / Cmd + Z】：取消撤回操作。

"Copy"（拷贝），快捷键【Ctrl / Comand + C】。

"Paste"（粘贴），快捷键【Ctrl/ Cmd + V】。

"Paste over selection"（粘贴至所选位置），快捷键【Shift + Ctrl / Cmd + V】：可将被复制对象粘贴于其他位置，避免因图层重叠而产生不便。

"Duplicate"（创建副本），快捷键【Ctrl / Cmd + D】：将复制与粘贴功能合二为一，方便设计者对图层进行快速复制。

"Select all"（全选），快捷键【Ctrl / Cmd + A】。

"Select inverse"（反选），快捷键【Shift + Ctrl / Cmd + A】。

"Select all with"（通过……全选）：进行更加精细化的全选，该功能可以使属性、填充颜色或描边等限制条件相同的所有图层同时被选中，适用于对图层进行批量化的编辑修改。

3）视图

"View"（视图）菜单，其包含的功能与工具栏最右侧的"Zoom/view opts"（缩放及视图选项）大致相同。如"像素网格""布局网格""标尺""显示切片""评论""轮廓视图""像素预览"等，这些功能的用法将在下文中配合"缩放及视图选项"菜单进行详细介绍。

相较于"缩放及视图选项"菜单，视图菜单中增加了一些功能。其中，"Show/hide UI"（显示/隐藏界面）快捷键为【Ctrl / Cmd + \】，可以一键隐藏包括顶部工具栏、左侧图层面板、右侧属性面板在内的所有操作面板。（图3.18）

4）对象

"Object"（对象）菜单下包含了以图层为主要对象的各项编辑功能。（图3.19）

"Group selection"（编组所选项），快捷键【Ctrl / Cmd + G】：可以将所选中的对象编为一个组，方便进行后续的组件制作或界面中不同元素、模块的区分。

"Frame selection"（添加框架），快捷键【Alt / Opt + Ctrl / Cmd + G】：可以以选中项作为子内容，创建一个框架。取消框架与取消编组的快捷键是【Shift + Ctrl / Cmd + G】。

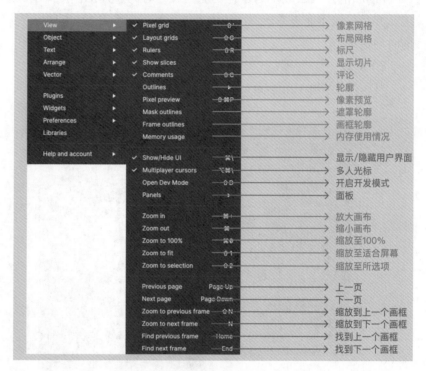

图3.18 "视图"菜单

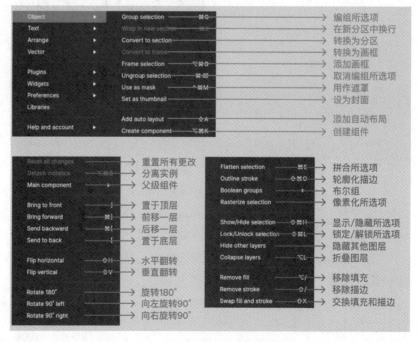

图3.19 "对象"菜单

"编组"与"框架"工具都可以使多个子图层形成一个整体，具有一定相似性。两者最大的区别在于，组的尺寸依子图层的尺寸而定，而框架的尺寸则是固定的。移动编组中最接近边界的子图层时，编组的尺寸会相应地发生改变，外移时编组尺寸增大，反之则缩小。而在框架中，当设计者外移处在边界位置的子图层时，该子图层将会被移出框架。如需选择某个包含在编组或框架内的子图层，则需要在按下键盘中的【Ctrl / Cmd】键的同时使用鼠标左键点击画布中的目标图层。

"Set as thumbnail"（设为封面），在Figma主页中展示的每个项目文件都有对应的封面，该功能可以使选中内容被设置为整个文件的展示封面。只有"Frame"（框架）类型的图层可以被设置为封面。设置成功后，图层列表中该框架的名称左侧将出现一个封面图标。（图3.20）

图3.20 "封面"图标

"Add auto layout"（添加自动布局），快捷键【Shift + A】：使用后可以在右侧面板中查看及编辑所选项的自动布局属性。自动布局是一个在UI设计中十分常用的进阶功能，可以使对象进行响应式变化。

例如，在想要设计一个按钮时，按钮的外框将会随文本数量的增减而拉长或缩短。它的变化原则是，内部文本始终与外部边框保持固定的间距，而间距的数值可由用户在右侧面板中自行设置。（图3.21）

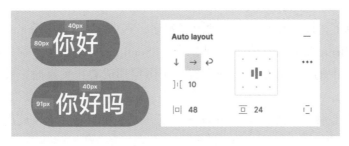

图3.21 自动布局

需要注意，自动布局只能添加在框架或分组上，当设计者选中非框架图层并添加自动布局时，系统将会自动在所选图层的基础上创建一个框架。成功添加自动布局后，图层面板中相应框架的图标也会发生改变。

"Create component"（创建组件），快捷键【Alt / Opt + Ctrl / Cmd + K】：该功能可以使所选中的图层被创建为一个组件。如果所选对象已被编为组或框架，那么该编组的属性将会直接被变更为组件，而如果所选对象并未成组，创建组件功能将会自动为他们编组。成功创建组件后，左侧图层面板中的编组图标将会发生改变，同时图层的图标、名称及鼠标指针悬停于上方时所显示的边框都会变成紫色。（图3.22）

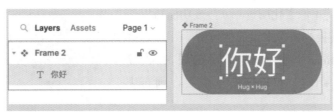

图3.22 组件

"创建组件"功能是Figma中的一个常用功能，巧妙地使用该功能，能够大大提高设计者的设计效率，也方便了团队协作以及保持设计稿的一致性。

成为组件后就代表着该内容可以被快速调用，当设计者修改父级组件的属性及样式时，所有与它相关联的副本也将得到同样的修改，而对副本进行修改时父级组件不会受到影响。

"Add variant"（添加变体）：使用该功能可以在父级组件下添加变体，通常适用于制作包含多种状态的组件的情况。比如，当想要设计一个按钮时，可能需要考虑到它处在被点击、禁用或是长按等不同状态下的样式变化。（图3.23）

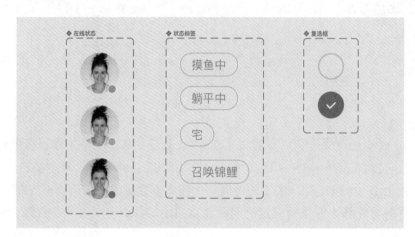

图3.23 组件变体

在"对象"菜单下，设计者还可以移动图层顺序，其中包含了"Bring to front"（置顶）、"Send to back"（置底）、"Bring forward"（上移一层）或"Send backward"（下移一层）功能。图层顺序将会影响图层在画布中的显示顺序，当两个或多个图层形成叠压关系时，顺序靠前的图层可能会遮挡靠后的图层。

"Flip horizontal"（水平翻转）及"Flip vertical"（垂直翻转）：可以使所选对象进行水平或垂直方向的镜像翻转。

"Flatten selection"（拼合所选项），快捷键【Ctrl / Cmd + E】：该功能可以使所选对象被拼合为一个矢量图层，也可以用于文本图层来将其转变为矢量图形。合并后，可以按下【enter】键进入到"路径编辑"模式，对图形进行编辑与调整。（图3.24）

图3.24 拼合所选项

"Outline stroke"（轮廓化描边），快捷键【Shift + Ctrl / Cmd + O】：可以使图层的描边被转化为轮廓。当设计者需要对描边进行路径编辑时，必须提前将其轮廓化，该功能常用于制作一些线性图标或特殊形状的边框。（图3.25）

图3.25 轮廓化描边

"Rasterize selection"（像素化所选项）：该功能可以使所选中的矢量图形被转换为由像素组成的位图。（图3.26）

"Show/Hide selection"（显示 / 隐藏所选项），快捷键【Shift + Ctrl / Cmd + H】：可以使所选图层在画布中显示或隐藏。

图3.26 像素化所选项

"Lock/Unlock selection"（锁定/解锁所选项），快捷键【Shift + Ctrl / Cmd + L】：可以使所选图层锁定或解锁，锁定后图层将不可被编辑，可以在画布中图层较多的情况下使用该功能以防误操作。（图3.27）

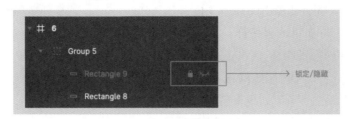

图3.27 锁定/隐藏图层

"Hide other layers"（隐藏其余图层）：可以使除已选中图层之外的所有图层被隐藏。

"Collapse layers"（折叠图层），快捷键【Alt / Opt + L】：可以使展开的图层被收起，通常用于编组或框架等包含多个子图层的父级对象。

"Remove fill"（移除填充），快捷键【Alt / Opt + /】：可以清空所选图层的所有填充属性。

"Remove stroke"（移除描边），快捷键【Shift + /】：可以清空所选图层的所有描边属性。当图层拥有多个填充或描边属性时，使用以上两个功能，将使所有填充或描边属性被一并删除。

"Swap fill and stroke"（交换填充和描边），快捷键【Shift + X】：顾名思义，可以使图层的填充属性和描边属性进行互换。（图3.28）

图3.28 交换填充和描边

5）文本

"Text"（文本）菜单包含了与文本图层相关的各项功能。（图3.29）

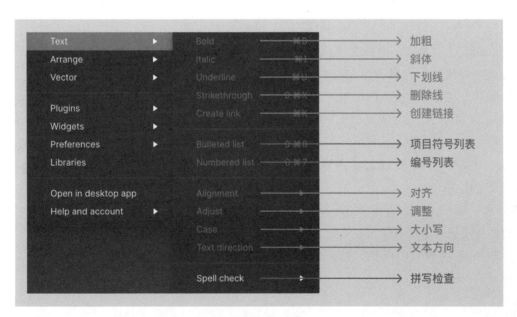

图3.29 文本菜单

"Bold"（加粗），快捷键【Ctrl / Cmd + B】：可以加粗文字，但只能应用于本身就带有粗体形态的字体。（图3.30）

"Italic"（斜体），快捷键【Ctrl / Cmd + I】：可以使文字变为斜体，与加粗效果一样，只能应用于本身就带有斜体形态的字体。（图3.31）

"Underline"（下划线），快捷键【Ctrl / Cmd + U】：可以在文字下方添加一条下划线。在编辑文本时，下划线与文本将被视作一体，共享描边及填充属性。（图3.32）

"Strikethrough"（删除线），快捷键【Shift + Ctrl / Cmd + X】：可为文本添加一个被划去的置灰效果，来表示该文本内容已被修改、删除或不可用。（图3.33）

"Create link"（创建链接），快捷键【Ctrl / Cmd + K】：可以为选中的文本添加一个超链接，添加成功后，文本下方会出现下划线。点击该文本，即可在浏览器中添加一个新的页面并跳转到预设的网址。（图3.34）

"Bulleted list"（项目符号列表），快捷键【Shift + Ctrl / Cmd + 8】：可以为所选文本添加圆点状的列表符号。

"Numbered list"（编号列表），快捷键【Shift + Ctrl / Cmd + 7】：可以为所选文本自动添加数字编号，在使用前需令文本框里的文本内容呈列表形式分布，才可以进行正确编号。（图3.35）

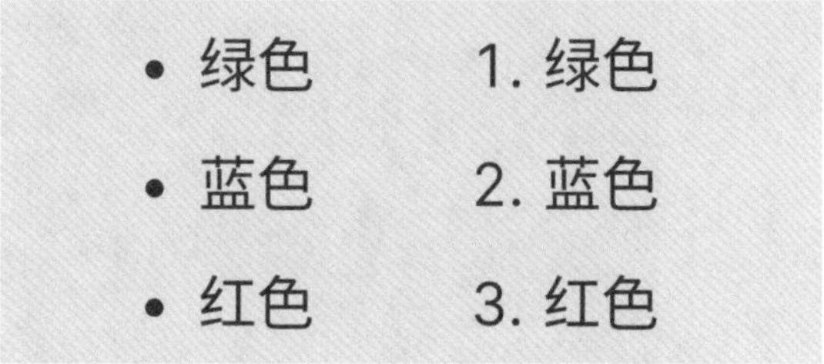

"Alignment"（对齐）：选择文本框中文本的对齐方式，可使文本内容进行左右对齐、上下对齐、水平垂直居中对齐或两端对齐。

"Adjust"（调整）：增大或减小文字的缩进、字号、字重、行高、字距。

"Case"（大小写）：更改文本内容的大小写方式，仅适用于英文。

"Text direction"（文本方向）：选择文本的输入方向，从左到右或从右到左。

"Spell check"（拼写检查）：检查文本中是否存在拼写错误。

图3.30 加粗文本

图3.31 斜体文本

图3.32 文本下划线

图3.33 文本删除线

图3.34 创建链接

图3.35 项目符号列表（左）&编号列表（右）

6）排列

"Arrange"（排列）菜单下的功能一般用于图层的排布。（图3.36）

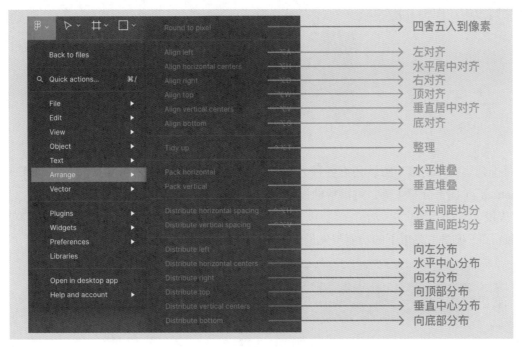

图3.36 排列菜单

"Round to pixel"（四舍五入到像素）：当图层坐标中出现小数时，该功能可以使其自动四舍五入为一个整数。

"Align left"（左对齐）至"Align bottom"（底对齐）等：一系列功能可使图层快速对齐，这部分内容也会以图标的形式显示于右侧的"设计"面板中，使用起来更加方便。（图3.37）

"Tidy up"（整理）：该功能可以帮助设计者快速整理画布中的多个图层，在选中图层数量为三个及以上时才可以生效。（图3.38）

"Distribute horizontal spacing"（水平间距均分）和"Distribute vertical spacing"（垂直间距均分）：保持位于最左、最右、最上或最下方的图层位置不变，平均分配图层间的水平或垂直间距。与整理功能不同，只需选中两个及以上图层便可使用这两个功能。（图3.39）

图3.37 右侧"设计"面板中的对齐功能

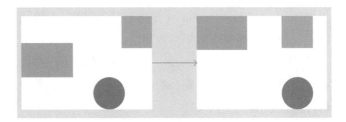

图3.38 "整理"功能

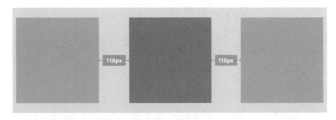

图3.39 水平均分

和前文中的"对齐方式"一样，这三个功能都可以在右侧面板中找到，"水平及垂直间距均分"功能则被收起于"整理"功能的下拉列表中。

"Pack horizontal"（水平堆叠）及"Pack vertical"（垂直堆叠）：使用该功能后所选图层之间的间距将会归为0。（图3.40）

图3.40 水平堆叠

在"排列"菜单的最下方，还有各种方向的均分功能，如"Distribute left"（向左分布）、"Distribute bottom"（向下分布）等，可以帮助设计者更加灵活地进行图层整理。

7）矢量

"Vector"（矢量）菜单下的功能与矢量图形的编辑相关。（图3.41）

图3.41 矢量菜单

"Join selection"（连接所选项），快捷键【Ctrl / Cmd + J】：该功能可将所选中的两个或多个独立的路径进行连接。具体操作方法为：选中形状图层，进入"路径编辑"模式，选择需要连接的两个或多个端点，再使用该功能即可。（图3.42）

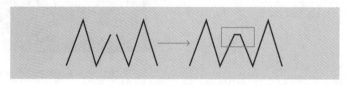

图3.42 连接所选项

"Smooth join selection"（平滑连接所选项），快捷键【Shift + Ctrl / Cmd + J】：在连接所选项的基础上，使连接路径产生平滑效果。

"Delete and heal selection"（删除并修复所选项），快捷键【Shift + Delete】：使用该功能，可以在删除锚点的同时保持路径的闭合。使用时，需要先进入"路径编辑"模式，选中想要删除的锚点，再开启该功能。（图3.43）

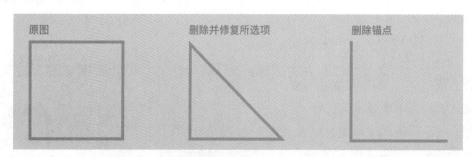

图3.43 删除并修复所选项

8）插件

"Plugins"（插件）菜单中会显示设计者载入的所有插件名称，以及其他相关功能。（图3.44）

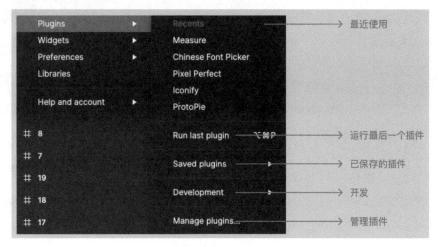

图3.44 插件菜单

"Run last plugin"（运行最后一个插件）：可以打开最近使用过的插件。

默认状态下的插件列表是空白的，设计者还可以通过"Manage plugins"（管理插件）来快速浏览Figma社区中的插件资源，并支持通过名称搜索插件。（图3.45）

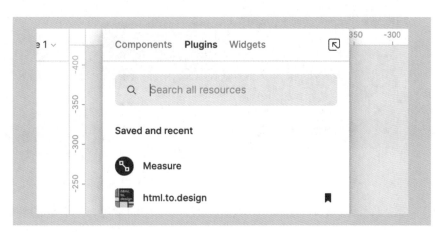

图3.45 查找更多插件

点击"Go to community"（进入社区），可以打开Figma的社区页面，查看更多插件资源以及它们的详细信息。（图3.46）

单击插件名称即可运行插件。当设计者使用过插件后，该插件也将显示在这个面板的最上方，设计者可以在这里保存插件，方便再次使用。

在"如何使用插件"这一小节中，将为大家详细介绍Figma中的常用插件及插件的详细使用方法。

图3.46 插件资源

9）小部件

相比于插件列表，"Widgets"（小部件）列表中不会列出文档中的小部件名称，但增加了"Select all widgets"（选择所有小部件）。（图3.47）

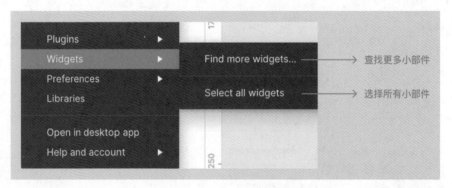

图3.47 "小部件"菜单

"小部件"在图层面板中的名称被显示为与"组件"一样的紫色，但图标的外形有所区别。（图3.48）

图3.48 组件与小部件的图标差异

10）偏好

"Preferences"（偏好）菜单中罗列了一系列系统及操作层面的设置选项，用户可以在这里根据需求进行勾选。（图3.49）

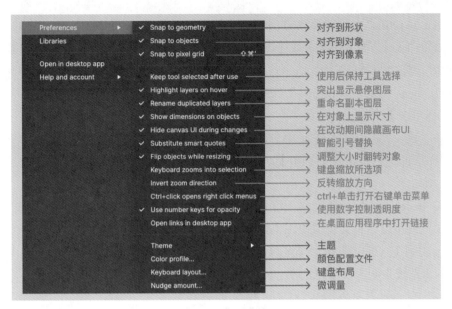

图3.49 偏好菜单

"Snap to geometry"（对齐到形状）：勾选此项后，移动图层时图层将会自动吸附到附近的形状。

"Snap to objects"（对齐到对象）：勾选此项后，移动图层时图层将会自动吸附到附近的所有对象。

"Snap to pixel grid"（对齐到像素）：勾选此项后，移动图层时图层将会自动吸附到附近的像素网格上。

"Keep tool selected after use"（使用后保持工具选择）：在未勾选的情况下，使用完某个工具后将会自动切换回移动工具。勾选后，工具在被使用后仍会处于选中状态，不会切换至移动工具。

"Highlight layers on hover"（突出显示悬停图层）：勾选此项后，当鼠标指针悬停于画布中的某个图层上时，该图层将会被高亮显示。（图3.50）

"Rename duplicated layers"（重命名副本图层）：勾选此项后，在复制图层时系统将会自动为副本图层进行重命名，在原图层名称的基础上加上编号后缀。

"Show dimensions on objects"（在对象上显示尺寸）：勾选此项后，在画布中选中某个图层时，图层的尺寸将会显示于该图层的下方。（图3.51）

"Hide canvas UI during changes"（在改动期间隐藏画布UI）：勾选此项后，在设计者对画布中的内容进行修改时画布中的某些UI将会被自动隐藏。比如移动图层时，图层选中状态下所显示的边框将会被自动隐藏。

"Substitute smart quotes"（智能引号替换）：勾选此选项后，可以在复制引号时自动对其进行检查及替换，防止出现引号的错误写法、用法或乱码。

"Flip objects while resizing "（调整大小时翻转对象）：勾选此选项后，在拖动修改图层尺寸时，如果将左右两侧其中之一的边框向相反方向拖拽，当拖拽距离超过对侧边框时，则能够使图层进行水平方向的翻转，垂直方向上的翻转也是同理。

图3.50 突出显示悬停图层

图3.51 在对象上显示尺寸

"Keyboard zooms into selection"（键盘缩放所选项）：勾选此选项后，选中某个对象并按下快捷键【Ctrl/Cmd+"+"】，可以使视图被放大到所选项。

"Invert zoom direction"（反转缩放方向）：该选项主要针对于画布的缩放。例如，原先设计者使用【Cmd+滚轮向上】（苹果系统）或【Ctrl+滚轮向下】（Windows系统）来让画布缩小，反转后，进行相同操作时，将会使画布放大。

"Ctrl+Click opens right click menus"（Ctrl+单击打开右键单击菜单）：勾选此选项后可以通过快捷键【Ctrl+鼠标单击】来打开右键菜单。

"Use number keys for opacity"（使用数字键控制透明度）：勾选此选项后，可以通过键盘上的数字键来控制图层的透明度。比如，【0】对应"100%"，【00】对应"0%"，【05】对应"5%"，【5】对应"50%"。

"Open links in desktop App"（在桌面应用程序中打开链接）：勾选此选项后，当设计者点击一个Figma文件的预览链接时，将会自动使用桌面客户端来打开这个文件。

"Theme"（主题）：可以选择工作区域的背景颜色，包含"Light"（浅色）、"Dark"（深色）及"System theme"（系统主题）三个可选项。（图3.52）

图3.52 主题

"Color profile"（颜色配置文件）：可以选择当前文档的颜色配置文件。在进行设计时，通常会使用默认状态下的sRGB模式。

"Keyboard layout"（键盘布局）：可以修改键盘的布局方式。Figma为设计者提供了许多国家的键盘布局方式可供选择，并且展示了各种功能的对应快捷键。

"Nudge amount"（微调量）：在使用键盘的方向键移动图层时，通常每按一下键盘，图层将会相应地移动1px，在Figma中这被称作"Small nudge"（小微调）；使用【Shift+方向键】移动图层时，通常每次操作会使图层移动10px，这被称作"Big nudge"（大微调）。在"微调量"面板中，设计者可以修改"小微调"值和"大微调"值。（图3.53）

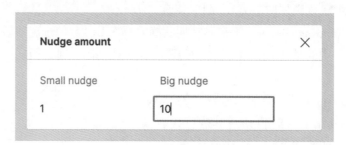

图3.53 微调值

11）组件库

"Libraries"（组件库）：设计者所创建的组件只能在当前文档内使用，如果要将其应用于其他文件或项目的话，就需要创建并发布一个组件库。在团队协作时组件库的搭建有助于提高工作效率、保障设计稿的一致性，也能方便研发人员进行开发。

12）帮助和账户

在"Help and account"（帮助和账户）菜单下，设计者可以找到一些辅助性功能，如查看"快捷键""软件教程"等，还可以进行"Account settings"（账号设置）。（图3.54）

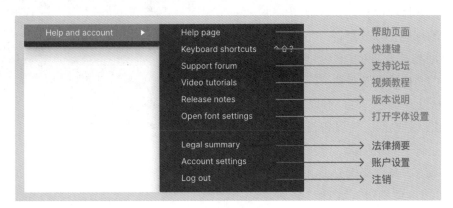

图3.54 帮助和账户

（6）工具

1）移动与缩放工具

"Move"（移动），快捷键【V】：最为常用的工具，设计者也可以使用它来进行对象的选择。选中对象时，"设计"面板中则会显示该对象的各项属性。

"Scale"（缩放），快捷键【K】：可用于框架、组件、文字等对象。使用缩放工具进行缩放时，图层的描边与模糊效果也会随之缩放，而拖动图层选框进行缩放的方式则不会对这些效果进行更改。（图3.55）

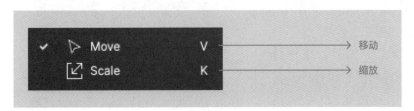

图3.55 "移动"与"缩放"工具

2）区域工具

"Region tools"（区域工具）中包含了"Frame"（框架）、"Section"（分区）以及"Slice"（切片）。（图3.56）

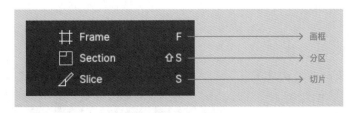

图3.56 区域工具

"Frame"（框架）工具，快捷键【F】：是"区域工具"中最常用的功能，可用于新建框架。"框架"由名称及空白作图区域组成，设计者可以双击左上角的标题来修改命名，在设计过程中及时修改合理的标题名称，有助于后续的文件管理及归档。

Figma为设计者预设了不同的"框架"尺寸，并根据主流设备类型进行了分类整理，如手机端、平板电脑端、桌面端等，每个终端分类下还有更加详细的机型划分。点选"框架"工具后即可在界面的右侧查看或选择。（图3.57）

"Section"（分区）工具，快捷键【Shift + S】：可以快速地将页面中的内容分类并整合到同一模块中。它可以创建于框架的外部或内部。当设计者删除"分区"时，其中的内容也会被一并删除，如果需要保留该部分内容，就右键"分区"并点击"取消编组"即可。（图3.58）

"Slice"（切片）工具，快捷键【S】：进行设计输出时，设计师常常会需要"切图"，也就是为开发人员导出所需的素材图片。"切片"工具的辅助可以更加精准地确定切图的大小及范围。使用时，按下快捷键，拖动选区框选所需要的部分即可完成切片，然后点击"设计"面板最下方的"Export"（导出）按钮就可以进行导出了。（图3.59）

由于"切片"工具会直接导出选取范围内包括背景在内的所有内容，因此，在使用该工具进行图标等元素的输出时，往往需要提前将页面或框架背景颜色的不透明度设置为0%，避免导出多余的内容。（图3.60）

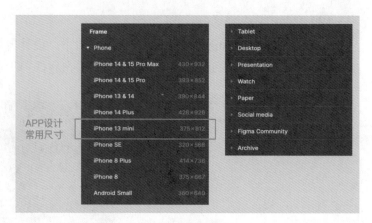

图3.57 "框架"预设

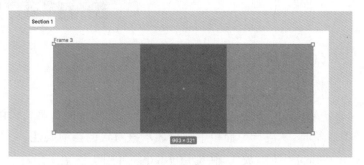

图3.58 "分区"功能

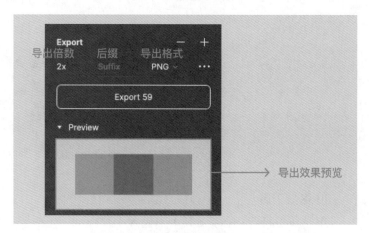

图3.59 "导出"功能

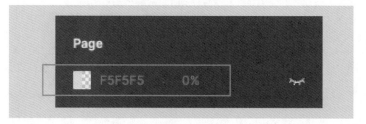

图3.60 页面颜色

3）形状与钢笔工具

"Shape tools"（形状工具）中包含了"Rectangle"（矩形）、"Line"（直线）、"Arrow"（箭头）、"Ellipse"（椭圆）、"Polygon"（多边形）、"Star"（星形）及"Place image/video"（插入图像/视频）工具。（图3.61）

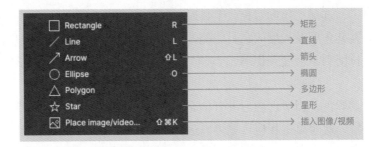

图3.61 形状工具

"Creation tools"（创作工具）中包含了"Pen"（钢笔）、"Pencil"（铅笔）工具。（图3.62）

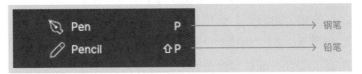

图3.62 创作工具

创建形状或路径后，可以按下【Enter】键或双击对象来进入"路径编辑"模式，此时会出现该对象的锚点，上方的工具栏也随之发生改变。在钢笔工具的右侧出现了"Bend tool"（弯曲工具）以及"Paint bucket"（颜料桶）。（图3.63）

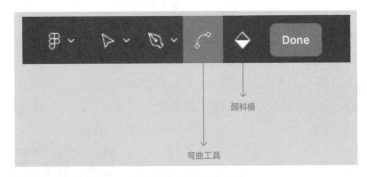

图3.63 "路径编辑"模式

在"路径编辑"模式下，右侧的"设计"面板的属性栏中会即时显示所选锚点的属性，此外，还可以使用"钢笔"工具在路径上新增锚点，对矢量图形进行细节的调整。（图3.64）

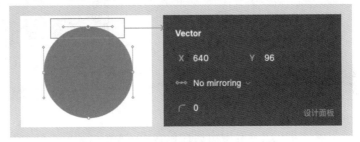

图3.64 选中锚点

"弯曲"工具，快捷键【Ctrl/Cmd】：可以对锚点及路径产生作用，使路径的曲线更加平滑。平滑后的锚点会新增左右对称的手柄，调整手柄可以使曲线的弧度发生变化。（图3.65）

图3.65 使用"弯曲工具"效果

使用"弯曲"工具后，右侧的锚点属性栏中会新增一项"Mirror"（对称）属性，设计者可以在这里调整锚点左右手柄的对称属性。在下拉列表中一共有三种对称方式，依次为"No mirroring"（不对称）、"Mirror angle"（角度对称）、"Mirror angle and length"（角度与长度对称）。（图3.66）

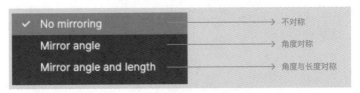

图3.66 锚点手柄对称属性

选择"角度对称"工具时，当设计者拖动锚点的一侧手柄调整其角度及长度时，另一侧的手柄角度也会发生同样的改变，而长度则不会受到影响。

"颜料桶"工具，快捷键【B】：可以快速填充图形颜色或清除颜色。当所选图形没有填充颜色时，鼠标指针中心会出现"＋"号，此时单击相应区域可以进行颜色填充；反之，当所选区域已有填充颜色时，鼠标指针中心会显示"－"号，单击相应区域则会清除当前的填充颜色。（图3.67）

图3.67 颜料桶

使用"形状"工具可以快速创建出基础的矢量图形，然后通过调整锚点来使它变为设计者所需要的形状，而"创作"工具则通常用于绘制一些更具变化性的图形。"形状"工具与"创作"工具的有机结合，能够帮助设计者进行各式各样的矢量图形创作，设计出精美的icon、插画。

4）文本工具

Text（文本），快捷键【T】：可以在画面中添加文字内容。使用时，选中"文本"工具，单击画布中要添加文本的位置，或直接在画布中拖拽出具有限定区域的文本框即可。需要编辑文本内容时，双击"文本"或单击选中"文本"后按下【Enter】键即可。

输入文本后，右侧属性栏中会新增相应的"文本"属性，分别为字体、字重、字号、行高、字距、段落间距、文本框宽/高限定、文本对齐方式及其他拓展设置。（图3.68）

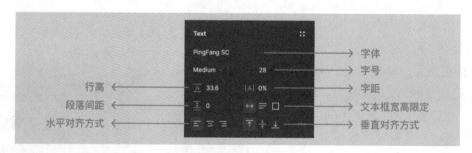

图3.68 "文本"属性

文本框的宽/高限定属性包含了"Auto width"（自动宽度）、"Auto height"（自动高度）和"Fixed size"（固定尺寸）。

"自动宽度"指文本框当前的宽度随字符大小、数量变化而变化，可以按【Enter】换行，换行后文本框的高度也会随之变化。

"自动高度"指文本框当前的宽度不变，高度随字符大小、数量变化而变化。固定大小则是对文本框大小进行了限制，不会受到文本内容的影响。（图3.69）

图3.69 文本框宽高限定

5）抓手工具

"Hand tool"（抓手工具），快捷键【H】：可用于拖拽画布，相比于使用系统所示的快捷键，更常用的是长按空格键并按下鼠标左键进行画布的拖拽，当设计者松开空格时，即可退出拖拽模式。

图3.70 icon案例

Figma练习一：Figma中的简易图标绘制

本练习将会制作三个简单的icon，在此过程中相信大家会对前面所学习的各项功能有更进一步的了解。（图3.70）

步骤1：新建画布

首先，新建一个空白画布，并双击画布正上方的"Untitled"字样，修改它的命名。（图3.71）

图3.71 修改命名

在"素材文档"中找到"练习一"，复制其中的"参考"框架，然后将其粘贴到刚才所新建的文档中。

新建一个空白框架用于绘制icon，双击框架左上角的"Frame 1"进行框架名称的修改。（图3.72）

图3.72 插入参考图&新建框架

步骤2：绘制"放大"icon

① 绘制外形：使用"椭圆"工具，快捷键【O】，绘制一个圆形作为icon的外轮廓。

② 绘制"加号"：使用"矩形"工具，快捷键【R】，绘制一个矩形。然后在"设计"面板中修改它的圆角半径。修改好后，按下【Ctrl / Cmd + D】键创建副本，然后将副本旋转90°，并使两个矩形居中对齐。最后，使用"布尔工具"中的"Union selection"（联集所选项），合并这两个矩形。（图3.73）

③ 绘制手柄：按下【R】键，使用"矩形"工具绘制一个矩形，并将圆角半径拉到最大。然后，在"设计"面板中找到"旋转"，输入"45"，使矩形逆时针旋转45°。（图3.74）

④ 联集：选中刚才创建的所有图层，点击"布尔工具"中的"联集所选项"，将所选图层合并为一个图层。

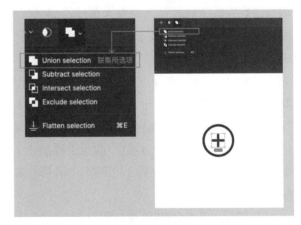

图3.73 绘制"加号"

图3.74 绘制"手柄"

步骤3：绘制"编辑"icon

① 绘制笔：按下【R】键，使用"矩形"工具绘制一个矩形并修改圆角半径。选中矩形，按下【Enter】键，进入"路径编辑"模式，单击最下方的那条边，在其中间处创建一个锚点。然后，下移锚点至合适的位置。最后，将画笔顺时针旋转45°。

② 绘制下划线：按下【R】键，绘制一个矩形并修改圆角半径，将其摆放至笔的下方即可。（图3.75）

③ 联集：选中刚才创建的所有图层，点击"布尔工具"中的"联集所选项"，将所选图层合并为一个图层。

步骤4：绘制"热度"icon

① 绘制基本轮廓：按下【P】键使用"钢笔"工具，描绘火苗的大致轮廓，不需要考虑路径的曲度或其他细节。（图3.76）

② 填充颜色：在"设计"面板中删除"描边"属性，添加"填充"属性，添加填充颜色"#FD3940"。

③ 调整轮廓：按下【Ctrl（Windows系统）/Cmd（苹果系统）】键，调出"曲线"工具，拖动"锚点"或"路径"来调整火苗的轮廓曲线。调整完成后，按下【Esc】键退出"路径编辑"模式。（图3.77）

④ 输入文字：按下【T】键，单击框架中的空白区域，创建文本框。在文本框中，输入"HOT"并将其放置到火苗中心的适当位置。然后，对照参考范本，在"设计"面板中调整"文本"的"填充颜色""字体""字重""字号"属性。（图3.78）

⑤ 联集：选中刚才创建的所有图层，点击"布尔工具"中的"联集所选项"，将所选图层合并为一个图层。

步骤5：切图导出

① 确定切片范围：将需要导出的icon复制并粘贴到框架外，按下【S】键，使用"切片"工具拖拽出一个矩形方框，并使icon与方框居中对齐。（图3.79）

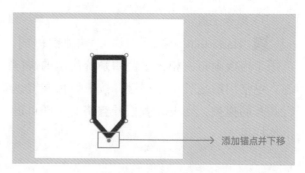

图3.75 绘制"笔"

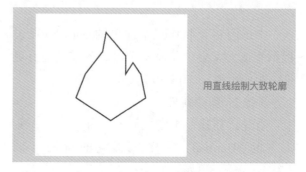

图3.76 绘制"火焰"轮廓

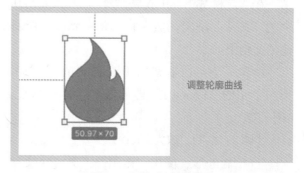

图3.77 调整"火焰"轮廓

图3.78 添加文本

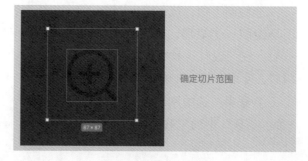

图3.79 确定切片范围

②更改画布属性：点击"画布"的空白处，在"设计"面板中将"画布"的"填充不透明度"更改为0%。（图3.80）

③导出：选中"切片"图层，点击"设计"面板最下方的"Export"（导出）即可导出切图。在导出前，还可以使用"Preview"功能提前预览导出效果，以免出错。

图3.80 更改画布属性

6）资源工具

"Resources"（资源），快捷键【Shift+I】：可以帮助设计者整合本地的"组件"、近期所使用过的"插件"及"小部件"，并且支持在社区中快速搜索资源。

图3.81 添加评论

7）评论工具

"Add comment"（添加评论），快捷键【C】：能够帮助设计者更加高效地与团队成员进行沟通协作。选中"添加评论"工具后，【单击】需要添加注解、评论或建议的区域，即可添加"评论"对话框。（图3.81）

在对话框内输入文本并发送后，该对话框将会被自动收起为一个气泡图标，将鼠标指针【悬停】于该气泡上，即可快速查看对应的评论内容。（图3.82）

图3.82 评论内容浮窗

在此基础上，单击某条评论，将会显示完整的评论对话框，团队成员可以在下方进行留言回

图3.83 查看完整评论信息

复，以便沟通。此处除了"回复"功能外，还包含了"表情评论""重新编辑评论内容"等丰富的功能，让协作更加无间。当设计者需要对照评论内容的注解进行设计工作时，可以使用对话框上方的"靠到侧边"的功能，使评论附着于操作界面的左侧，以免遮挡工作区域。（图3.83）

除了气泡与对话框外，当选中"添加评论"功能时，界面右侧的面板中也将自动显示该文档中的所有评论内容及其阅读与回复情况。在实际操作时，"评论"功能不仅可以帮助设计师与团队成员沟通，还可以作为备忘录来进行使用。善用该功能，能够提升设计工作的开展效率，促进团队沟通协作。

8）当前用户

工作区的右上角显示了当前正在使用文档的用户头像，单击头像即可追踪至该用户当前正在操作或查看的区域，工作区中也会显示该用户的鼠标指针。不同的用户对应了不同的颜色，可以通过选中状态下用户头像的边框颜色进行区分。（图3.84）

图3.84 追踪用户

【单击】自己的头像，可以选择使自己当前的操作区域高亮显示，以便团队成员追踪查看。

9）分享

"Share"（分享）面板中的内容共分为两部分，"邀请"与"发布"。用户可以输入受邀人的邮箱或复制文档链接并发送给受邀人来邀请他们加入，也可以选择文档的访问及编辑权限。

使用"Publish to Community"（发布到社区）功能，可以将该文档公开发布到Figma的共享社区，以供所有用户交流学习。（图3.85）

图3.85 "分享"面板

10）开发模式

"Dev mode"（开发模式），快捷键【Shift + D】：开启后，用户可以查看画布中所有内容的相关代码，支持自由选择CSS、iOS或Android环境，在一定程度上方便了设计师与研发人员间的沟通。

在此模式下，左上角的工具栏只会显示"Inspect"（查看）快捷键【V】及"Add comment"（添加评论）快捷键【C】。再次点击开发模式的开关即可退出。

11）演示及预览

"Present"（演示）及"Preview"（预览）功能支持将设计稿自动生成为可进行交互操作的演示文件，设计师可以利用该功能来检查交互效果，或向团队成员展示交互逻辑、交互流程。

在"演示"模式下，框架内容将被全屏显示，用户可以在画布中添加或查看评论，也可以在左侧面板中查看具体的交互流程。此外，在右上角的"Options"（选项）处，设有一些个性化设置选项，可以按需勾选。（图3.86）

图3.86 演示模式

"预览"模式则是直接在界面中出现一个简易的即时预览弹窗，方便用户快速查看交互效果。使用时，选中需要进行预览的框架，然后点选"预览"功能即可，弹窗的上方配备了一些常用功能，如"后退""重新开始"等。（图3.87）

12）缩放及视图选项

点击"Zoom / view options"（缩放及视图选项），可以浏览下拉菜单中包含的所有功能。设计者可以在这里对"画布缩放比例"及视图显示内容进行设置，比如"Pixel grid"（像素网格）、"Layout grids"（布局网格）、"Rulers"（标尺）等。（图3.88）

图3.87 "预览"模式

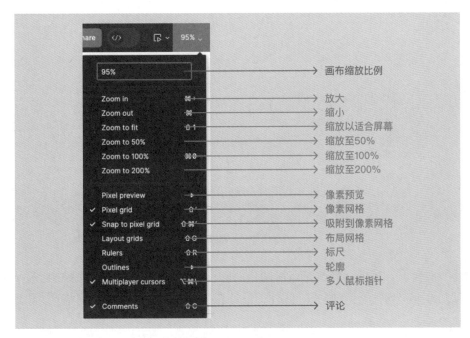

图3.88 缩放及视图选项

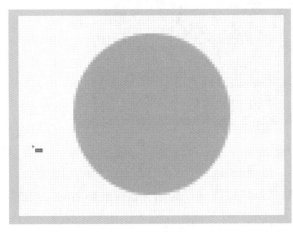

图3.89 像素网格

"Zoom in"（放大），快捷键【Ctrl / Cmd + "+"】；"Zoom out"（缩小），快捷键【Ctrl / Cmd + "-"】。此外，按下Ctrl（Windows系统）或Cmd（苹果系统）的同时，滑动鼠标滚轮也可以缩放视图。

"Pixel preview"（像素预览）：可以使设计者看到位图状态下的对象，它与像素化所选项功能的区别在于，它只是暂时地将对象像素化，取消勾选即可复原为矢量视图。

"Pixel grid"（像素网格），快捷键【Shift +'】：开启后，设计者可以在画布中看到浅灰色的网格线。（图3.89）

"Snap to pixel grid"（对齐到像素），快捷键【Shift + Ctrl / Cmd +'】：勾选后，当设计者移动对象时，它的边缘将会自动吸附到距离最近的像素网格线上。也就是说，此时该对象只能在横纵坐标轴上做整数单位的位移。

"Layout grids"（布局网格），快捷键【Shit + G】：它是基于框架的排版辅助工具。因此，在使用时，设计者需要勾选画布缩放比例下拉菜单中的"布局网格"，然后选中框架，在"设计"面板中开启框架的"布局网格"，此时框架中将会出现红色网格线。开启布局网格后，可以在"设计"面板中修改网格尺寸。（图3.90）

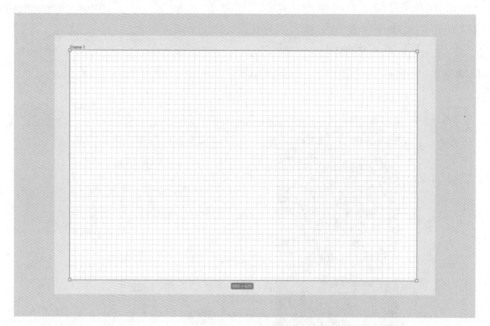

图3.90 布局网格

在"设计"面板下，还可以修改"布局网格"的形式，除默认状态下框架中所显示的方形网格线外，还可以调整为"列""行"模式。此外，设计者还可以同时添加多个网格。（图3.91）

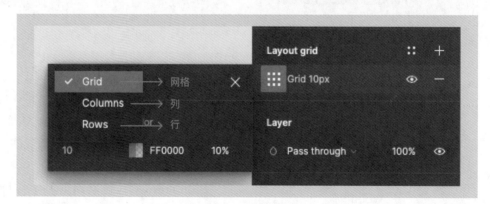

图3.91 布局网格属性

在UI设计规范中，设计师往往需要对界面中的网格系统进行统一规划，以保证界面的一致性。如常见的8px网格设计方法，即使用8的倍数来控制组件的尺寸及间距。当然，在实际的设计工作中，设计师还是需要对所在项目的实际应用设备尺寸进行了解，然后再选用合适的网格系统，但最好保持像素为偶数，否则在实际应用时可能使图像出现0.5px的虚边，影响观感。

"Rulers"（标尺），快捷键【Shift + R】：勾选开启后，画布的左侧及上方将会出现"标尺"，长按左侧"标尺"并拖拽，即可拉出垂直方向的参考线，而上侧标尺所对应的则是水平方向的参考线。

参考线可作用于画布与框架两个层级，选中框架时，所拉出的参考线仅在当前框架中显示，而未选中框架时，可拖拽出画布层级下的参考线，此时的参考线将在全画布范围内显示。

将鼠标指针【悬停】于参考线上方，可以查看它所对应的具体坐标，选中标尺后再次拖动，可以改变其坐标。如果要删除标尺，就只需选中它并按下【Delete】键，或使用鼠标左键将其拖拽到对应方向的标尺处。（图3.92）

"Show outlines"（显示轮廓），快捷键【Shift + O】：勾选后可开启"轮廓视图"模式，此时只会显示画布中的所有对象的轮廓线，这样可以排除视觉干扰，方便设计者查找对象以及修改编辑。在菜单的下方，设计者还可以选择"Include hidden layers"（包含隐藏图层）或"Include object bounds"（包含对象边界）。（图3.93）

"Multiplayer cursors"（多人鼠标指针），快捷键【Alt/Opt+Ctrl/Cmd+\】：默认状态为勾选，此时画布中将会显示该文档中其他在线成员的鼠标指针的实时动向，不同成员的鼠标指针将以不同的颜色作为区分，指针下方还会显示该成员名称。（图3.94）

"Comments"（评论），快捷键【Shift+C】：勾选后将在界面中显示评论，取消勾选可以隐藏评论。但当设计者选中"添加评论"工具时，评论内容就会自动恢复至显示状态。

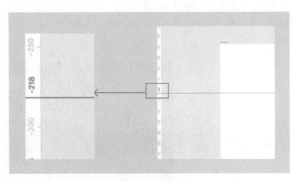

图3.92 "标尺"坐标

图3.93 轮廓视图

图3.94 多人鼠标指针

（7）左侧面板

工具栏的下方是左侧面板，设计者可以在此查看该文档内的"Layers"（图层）、"Assets"（资产）及"Page"（页面），同时也配置了"Find"（查找）功能。

1）查找

点击最左侧的"放大镜"按钮可进入"查找"面板。在"查找"面板中，输入"图层"或"资源"名称即可查找相关内容。

Figma还为设计者提供了"高级查找"选项，在"高级查找"面板中，有"查找"和"替换"两种功能，选中"查找"功能时，设计者可以在"筛选"菜单中勾选需要搜索的特定文件类型以进行更加精细化的搜索。并且，该菜单中还显示了不同类型图层的数量。而选中"替换"功能时，设

计者就可以快速查找并替换特定的文本内容。（图3.95）

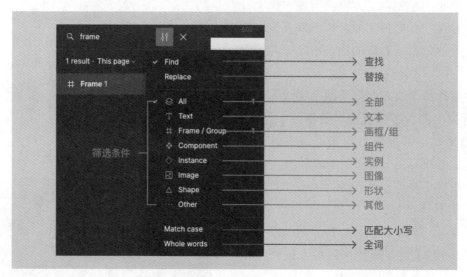

图3.95 高级搜索选项

2）图层

"Layers"（图层）面板位于"查找"的右侧，默认状态下自动选中，设计者可以在此处查看图层的"类型""名称""编组情况"，图层的"状态"也会在这里显示。

将鼠标指针【悬停】于图层上，图层名称处将会新增蓝色描边，画布中的对应图层也会高亮显示，如果是"文本"图层的话就会出现蓝色下划线，"形状"图层则出现蓝色描边。此时，可以在图层面板中对图层进行更改"锁定"状态及"可见性"的操作。（图3.96）

"Lock / Unlock"（锁定/解锁），快捷键【Shift + Ctrl / Cmd + L】：锁定后图层面板中图层名称的右方会出现一个"锁定"图标，而画布中的相应图层也将进入"不可编辑"模式。锁定编组后，该编组下的所有图层都将被一并锁定，此时可以单独解锁需要操作的子图层。而锁定编组下的某个子图层时，其他图层不会受到影响。

图3.96 文本图层高亮显示效果

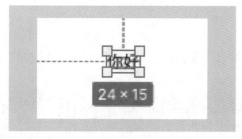

图3.97 选中图层显示效果

"Show / Hide"（显示/隐藏），快捷键【Shift + Ctrl / Cmd + H】：关闭图层可见性后，该图层将在左侧图层面板中被置灰，图层名称的右侧出现"闭眼"图标。这时设计者无法在画布中查看、选择或编辑该图层，但仍然可以通过图层面板来选中该图层并进行编辑操作。

选中图层时，图层面板中该图层名称的底部将会新增半透明的蓝色背景，同时画布中的相应图层也会多出一个较细的蓝色边框，在偏好设置中勾选"Show dimensions on objects"（在对象上显示尺寸）后，边框的正下方还会显示所选图层的具体尺寸。（图3.97）

长按并拖动图层面板中的图层名称，可以修改面板中的图层显示顺序，该顺序也控制着画布中的图层叠放顺序。在图层面板中排列次序较为靠前的图层，在两个或多个图层产生叠压关系时，将会拥有较高的显示优先级，与之相反，排列次序靠后的图层可能会被遮挡。

除鼠标拖动的方式外，右键点击图层面板中的图层名称或画布中的图层，可以选择将其"置于最顶层"（快捷键【J】）或"置于最底层"（快捷键【[】）。此外，按下【Ctrl / Cmd+】】可以使图层向上移动，按下【Ctrl / Cmd + [】可以使图层向后移动。

右键点击图层，可以看到更多关于"图层"的功能。右键点击"画布"中的图层时（下图右侧），菜单中的选项会比右键点击"图层"面板中的图层时更加全面（下图左侧）。（图3.98）

图3.98 图层右键菜单

下面介绍一些关于"图层"的常见功能。

"Copy"（复制），快捷键【Ctrl / Cmd + C】；"Paste"（粘贴），快捷键【Ctrl / Cmd + V】。在右键单击图层后，还可以选择将其以何种形式复制，如复制为代码、复制为SVG/PNG等。

"Select layer"（选择图层）：当多个图层形成叠压时，可能会出现难以选中某个图层的情况，此时，可以右键叠压关系中的任意图层，鼠标【悬停】于"选择图层"选项上，并在右侧菜单中找到需要选择的图层。（图3.99）

图3.99 选择图层

"Group selection"（编组所选项），快捷键【Ctrl / Cmd + G】：使用该功能，可以将同一模块下的图层创建为一个组，方便图层的分类管理及查找编辑。

"Ungroup"（取消编组），快捷键【Shift + Ctrl / Cmd + G】或【Ctrl / Cmd + Delete】。

"Use as mask"（用作遮罩），快捷键【Alt / Opt + Ctrl / Cmd + M】：它可以将所选图层更改为"遮

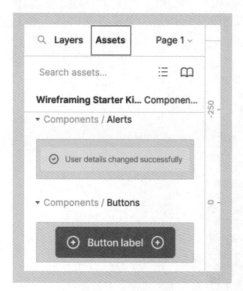

图3.100 资产面板

罩"，也即"蒙版"。使用时，将遮罩图层与被剪切的图层进行编组，并使遮罩图层位于编组中的最下方即可。在Figma中，带有Alpha通道的PNG图像和矢量图形都可以直接用作"遮罩"，而JPG图像或没有Alpha通道的PNG图像将则被识别为相同尺寸的矩形"遮罩"。

"Flip horizontal"（水平翻转），快捷键【Shift + H】：使对象以其纵轴为基准进行水平翻转。"Flip vertical"（垂直翻转），快捷键【Shift+V】：使对象以其横轴为基准进行垂直翻转。

3）资产

在"Assets"（资产）面板下，可以查看本地组件及团队组件库，同时有"搜索栏"以供快速搜索。（图3.100）

只有"父级组件"会被显示于该面板中，点击面板中的组件名称即可在画布中选中该组件。

4）页面

每个Figma文档都可以包含有多个"页面"，资产的右侧显示了当前所在的页面名称。在"页面"（Pages）面板下，可以查看文档内的所有"页面"，点击页面面板右上角的"+"号可以添加"页面"。

（8）右侧面板

工作区域右侧的面板中，有"Design"（设计）、"Prototype"（原型）两个选项卡。

1）"设计"面板

"Design"（设计）面板下可以查看或编辑图层的各项属性，对选中图层可进行"对齐""坐标尺寸调整""样式调整""导出"等一系列操作。

单击"画布"后，这里将会显示画布的"背景填充"属性、"Local styles"（本地样式）和"Plugin"（插件）。在Figma中"样式"是经预设后可以快速复用的属性，与组件相似，文本、颜色、效果、网格属性都可以被制作成样式。（图3.101）

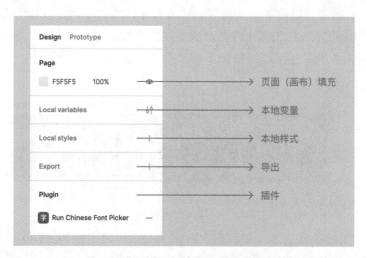

图3.101 "设计"面板（单击"画布"状态）

·对齐

分布于"设计"面板的最上方，包含了多个方向上的"对齐"方式及"均匀分布"方式。（图3.102）

选中两个及以上数量的图层，进行"左对齐"操作时，其他图层将会自动与处于最左侧的图层进行对齐，其他方向的对齐也是同样的道理。而使用"水平或垂直居中"时，Figma将在所选图层间找到一个水平或垂直方向的中线，然后使所选图层都被对齐到该中线上。（图3.103）

除此之外，选中一个位于框架中的图层并使用"对齐"功能时，该图层将会自动与框架进行相应方向的对齐。选中框架并使用"对齐"功能时，相当于使框架内的所有元素进行相应方向的对齐。

·坐标与尺寸

此处可以修改选中对象的"尺寸""坐标""旋转角度""圆角半径"等属性。（图3.104）

一般情况下，框架中图层的X轴、Y轴坐标根据其左侧边、上侧边与框架边缘的间距而定，而框架本身的坐标则根据其与画布原点的距离而定。（图3.105）

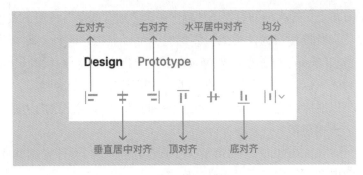

图3.102 对齐

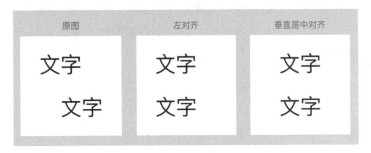

图3.103 左对齐＆垂直居中对齐

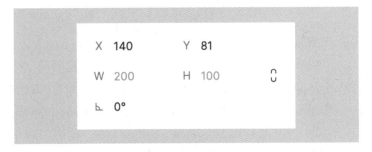

图3.104 坐标与尺寸

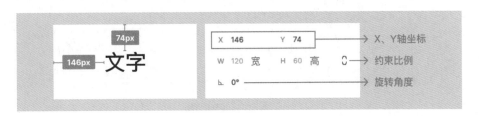

图3.105 X、Y轴坐标

图层的尺寸由其外部定界框的尺寸决定，当设计者选中图层时，可以看到一个蓝色矩形边框，这就是"定界框"，它的下方将会显示图层的尺寸数据。

在"设计"面板中，设计者可以约束图层的宽高比例，"约束"按钮位于图层长宽属性栏的右侧。点击"约束"后，在"属性"栏中增减该图层的"宽"或"高"时，图层将进行等比例的放缩。如果是在画布中直接依靠鼠标【拖动】缩放对象的话，则不会受到"约束比例"功能的影响。

在"旋转角度"处修改数值，即可令所选图层进行旋转，数值为正时按逆时针方向旋转，为负时则按顺时针方向旋转。

在"圆角半径"处修改数值，即可调整选中图层的圆角大小，该数值将会统一应用到该对象的所有角上。输入框的右方还放置了一个"独立圆角"按钮，点击后可以单独编辑各个角的圆角半径。

所选图层为"框架"图层时，可以点击"设计"面板中的"Frame"（框架），将图层类型更改为"Group"（分组）或"Section"（分区），或将图层的尺寸修改为系统预设尺寸。在其右侧，设计者还可以快速对调框架的宽高，使其从横屏改变为竖屏，或从竖屏改变为横屏。最右侧是"调整大小以适应内容"，点击后，可以一键清除框架内图层的边距。

· 约束

"Constraints"（约束），使用该功能后，当设计者调整选中图层所在的框架的尺寸时，可以使该图层在框架中的布局受到特定方向的约束。在水平方向上，可以选择受约束图层与框架左端、右端的距离不变，始终保持水平居中，或使其与框架之间的水平间距保持等比例缩放。在垂直方向上，可以选择约束对象与框架上侧、下侧的距离不变，始终保持垂直居中，或使其与框架之间的垂直间距保持等比例缩放。（图3.106）

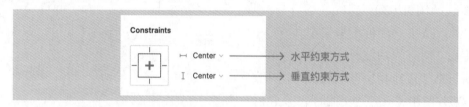

图3.106 约束

· 自动布局

"Auto layout"（自动布局），在此处可以选择布局方向——"Vertical layout"（垂直布局）、"Horizontal layout"（水平布局）或"Wrap"（换行），方向的选择决定了框架中元素的排列方式。

选择完布局方向后，设计者可以设置元素间的"间距"（Vertical/Horizontal gap between items），或是"水平内边距"（Horizontal padding）和"垂直内边距"（Vertical padding）。同时，还可以选择元素的对齐方式，其原理与图层的约束功能相似。（图3.107）

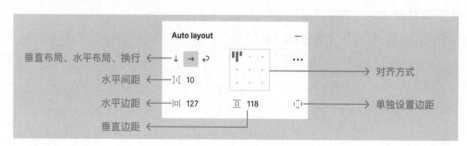

图3.107 自动布局

例如，当设计者选择了"水平布局"后，在框架中添加任意一个图层时，它将被自动排列在水平方向上，并保持与其他元素在水平方向上的间距为设计者所设的固定值，并且所有元素的对齐方式及其内边距也与预设值保持一致。（图3.108）

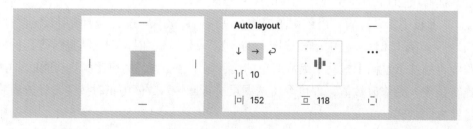

图3.108 水平自动布局

·布局网格

"Layout grid"（布局网格），点击后即可在所选框架中添加网格，并设置其样式。（图3.109）

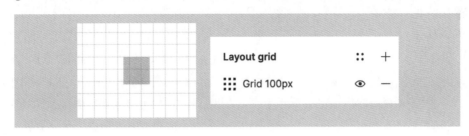

图3.109 布局网格

·图层

"Layer"（图层）部分包含了图层的"混合模式"及"不透明度"属性。（图3.110）

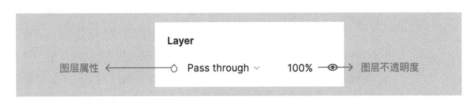

图3.110 图层

·填充

"Fill"（填充），在此处可以修改图层的"填充颜色""填充类型""混合模式""不透明度"，其中"填充类型"包含了"纯色""渐变""图片填充""视频填充"。（图3.111）

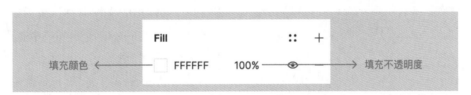

图3.111 填充

设计者还可以将编辑好的填充颜色添加为"Style"（样式），方便再次使用。（图3.112）

·描边

"Stroke"（描边），在此处可以编辑图层的"描边"属性，如描边的"颜色""不透明度""描边位置""描边粗细"以及选择"每侧描边属性"。在"Advanced stroke"（高级描边设置）中，还支持调整"Stroke style"（描边样式）、"Join"（节点样式）、"Miter angle"（斜度）等细节。（图3.113）

·已选颜色

"Selection colors"（已选颜色），选中框架时此处将显示框架中的所有颜色。设计者可以根据不同的填充颜色定位到使用了该颜色的图层，

图3.112 样式

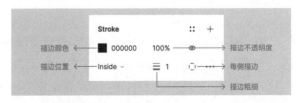

图3.113 描边

图3.114 已选颜色

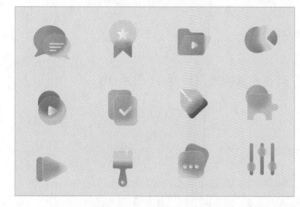

图3.115 磨砂玻璃质感图标（来源：Behance）

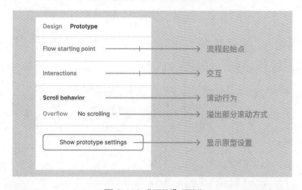

图3.116 "原型"面板

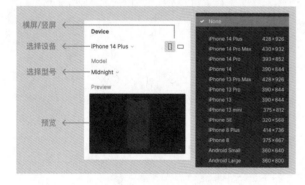

图3.117 显示原型设置

在此处修改颜色时，选中对象中应用了该颜色的部分也会被一并修改。（图3.114）

· 效果

"Effects"（效果），可以为图层添加效果。Figma提供了"Inner shadow"（内阴影）、"Drop shadow"（投影）、"Layer blur"（图层模糊）、"Background blur"（背景模糊）四种图层效果。

"内阴影"和"投影"的区别在于投影所在方位的不同，内阴影显示于图层内部，投影则显示于图层下方。"图层模糊"效果可以使当前图层模糊，而"背景模糊"则是使该图层背后的图层模糊，常常用来模拟磨砂玻璃质感。（图3.115）

使用"背景模糊"效果时，需要让带有该效果的图层与背景图层形成遮挡关系，并将该图层的填充不透明度降至100%以下。需要注意，只有修改前景图层的填充不透明度时，背景模糊效果才会生效，而修改其他图层不透明度时则不会生效。

· 导出

"Export"（导出），使用该功能可进行选中对象的导出，可以选择"输出倍数"及"文件格式"，为输出的文件名称设置后缀，同时也可以在下方的"Preview"（预览）中查看导出效果。

2）"原型"面板

在"Prototype"（原型）面板中，可以为设计稿制作简单的交互。（图3.116）

选中对象并在"原型"面板中添加"Inter-action"（交互），可以选择交互的"触发方式""动作""动画"及"Scroll behavior"（滚动行为）。用户按照预设的"触发方式"进行操作后，对应的"动作"就会生效，这二者构成了最基础的交互，而"动画"的存在则使得"动作"的产生与过渡更加自然。

"滚动行为"的设置一般应用于框架中。选中框架时，"滚动行为"下包含了三种滚动方向，分别为"Horizontal"（水平）、"Vertical"（垂直）、"Both directions"（同时在两个方向上滚动）。

在"Show prototype settings"（显示原型设置）中，设计者可以查看并选择模拟交互的"设备类型"及"型号"，所选设备将会在"预览"框以及"演示"模式中展示。（图3.117）

在"原型"面板中，设计者还可以选中框架并将其设置为"Flow start point"（流程起始点），如此一来，在"演示"模式下它就会作为首页出现。

Figma 练习二：Figma 中 Tab 栏设计

Tab栏的中文名是"标签栏"，主要类型有顶部Tab栏、侧边Tab栏以及底部Tab栏三种。它的功能是为内容进行分区分类，并打上标签，以便用户通过简明扼要的标签找到自己需要的内容。

（1）顶部Tab栏

通常作为页面下的一级导航而存在，一般以纯文字作为标签。顶部Tab栏通常用于当前页面下的信息及内容的分类导航。选中状态下的标签一般会高亮显示以便与非选中状态标签进行区分，如在文字底部添加下划线、改变文字颜色、放大字号等。（图3.118）

图3.118 顶部Tab栏（得物、QQ音乐、抖音、小红书App截图）

（2）侧边Tab栏

通常放置于界面的左侧，在页面内信息的数量、种类较多时，作为二级菜单出现，对信息类别进行更加细致的区分。比如饿了么App的点餐界面，在左侧Tab栏中可以看到当前店铺的菜品类别及优惠活动。（图3.119）

（3）底部Tab栏

它是手机App中最为常见的Tab栏类型，几乎每一款App都会设有底部Tab栏。在底部Tab栏中，每个标签都对应着一个页面，点击即可进行跳转。标签之间互为并列关系，不可被同时点击。

底部Tab栏通常用于App核心页面的区分与导航。（图3.120）

常见的底部Tab栏标签由图标和文字组成，方便用户进行辨识和理解，但它的样式也并非是固定的，需要设计师根据产品的特点来进行设计。以内容为主导的App，如抖音、小红书等，为了避免复杂的UI分

图3.119 侧边Tab栏（饿了么App截图）

图3.120 底部Tab栏（淘宝、微信、Blibili、小红书App截图）

散用户注意，使用户聚焦于内容本身，会使用纯文字作为底部Tab栏的标签按钮。一些功能构成较为简单或追求简约化、风格化的App可能会使用纯图标作为底部Tab栏的标签，如Instagram App，它的底部Tab栏所包含的功能十分简单，且都是用户常见的功能，仅用图标进行指代便可一目了然。（图3.121）

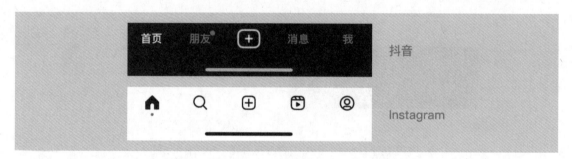

图3.121 底部Tab栏（抖音、Instagram App截图）

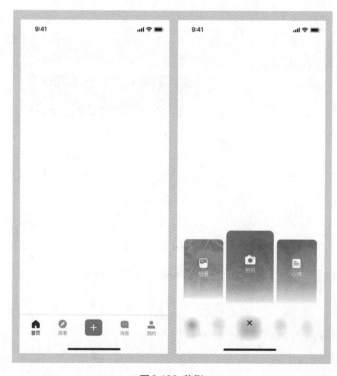

图3.122 范例

接下来运用新学的知识一起来制作一个底部Tab栏。图3.122所示为最常见的底部Tab栏样式之一，每个标签都由面性图标与文字组成，且为上下结构，选中状态的标签与非选中状态以明度作为区分维度。同时，在Tab栏的中间处放置了一个按钮，点击按钮后将会从界面底部弹出一个半遮盖式的弹窗，弹窗中共包含了三个按钮。实践操作如下：

步骤1：绘制线框图

在实际工作中，线框图通常由交互设计师或产品经理完成，并将其交付到UI设计师手中。（图3.123）

线框图常用于梳理产品的主要结构、功能及页面布局。在低保真原型阶段，设计师不需要考虑界面的视觉表现效果。

① 前期准备。打开Figma，新建一个

设计文档。然后，按下【A】键，在右侧的预设尺寸中选择"375×812"，新建一个空白框架。在Figma的社区中搜索关键词"iOS UI Kit"，打开结果页中的任意文档，找到"Status bar"和"Home Indicator"组件，复制到新建好的文档中。然后，将这两个组件置于图层列表的最顶端，并进行锁定。接下来，在"素材文档"中找到"练习二"中的"设计稿"，选中其中的两个子框架并导出。最后，回到刚才新建的文档，使用"形状"工具下的"Place Image"（插入图片）功能，插入刚才所导出的图片。（图3.124、图3.125）

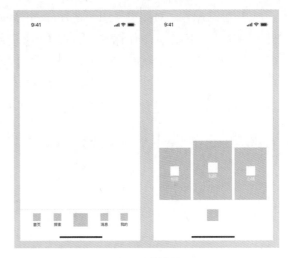

图3.123 线框图

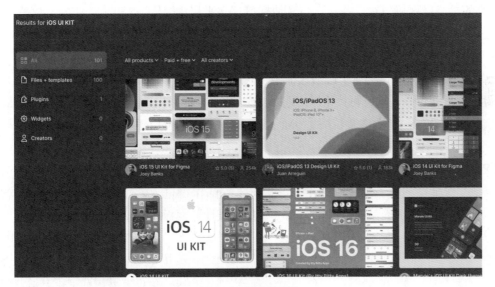

图3.124 搜索结果页

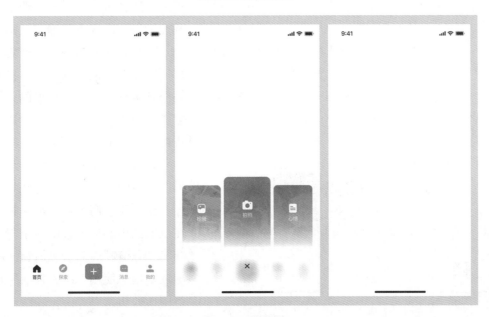

图3.125 前期准备

② 绘制标签。对照参考图，在Home Indicator的下方新建一个矩形框作为Tab栏的背景，并为它设置一个上方描边。制作标签时，按【R】键新建矩形的同时长按【Shift】键，即可画出一个正方形，框出图标的大致位置及尺寸，按下【T】键在其下方新建文本并输入"首页"，使文本和正方形垂直居中对齐，并将它们之间的间距设置为4px。最后，将做好的内容编组并命名为"首页"，再按下【Ctrl / Cmd + D】键复制出三个副本，分别将它们的文本修改为"探索""信息""我的"。（图3.126）

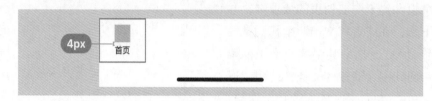

图3.126 绘制标签

③ 绘制"发布"按钮。按【R】键新建一个矩形，在"设计"面板中调整它的高度，使其高度与所有标签的总高度保持一致，并令它与其他标签"水平居中"。

④ 调整间距。选中"发布"按钮和所有标签，在"设计"面板中点击"水平间距均分"。然后，以发布按钮为界，将两个标签之间的间距修改为0。

⑤ 绘制"弹出面板"。按【A】键新建框架，摆放iOS系统组件"Status Bar"和"Home Indicator"。按【R】键框出按钮背景区域，再按【R】键并长按【Shift】键画出正方形框出图标区域，然后按【T】键输入文字。再次按下【R】键并长按【Shift】键，在三个按钮的下方绘制正方形，并使其与中间的矩形"水平居中"，作为"关闭"按钮的所在区域。

步骤2：绘制单色原型图

① 绘制"首页"图标。创建一个正方形，按【Enter】键进入"路径编辑"模式，添加并调整上下锚点位置，绘制"房子"的基本轮廓，然后在"设计"面板中调整圆角半径。

② 绘制"探索"图标。按【O】后长按【Shift】创建一个正圆形，然后创建一个正方形，选中正方形并按【Enter】进入"路径编辑"模式，调整锚点，使其变为菱形。选中菱形与正圆形，令它们水平垂直居中对齐，并使用"减去顶层所选项"功能剪切图层。接着，绘制一个正圆形，摆放在菱形的正中间。最后，选中所有形状图层，使用"联集所选项"。

③ 绘制"消息"图标。绘制一个矩形，调整除右下角外其他几处的圆角半径。然后绘制两个正圆形，将它们放置在矩形的中心处。选中两个正圆，使用"联集所选项"将它们进行合并。最后，加选矩形，使用"减去顶层所选项"进行图形剪切。

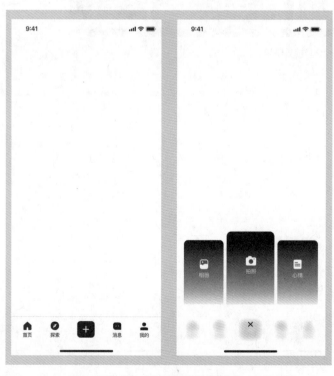

图3.127 高保真原型图（单色）

④ 绘制"我的"图标。绘制一个正

圆形和一个矩形作为基本轮廓，选中矩形，调整其左上角及右上角的圆角半径。最后，选中所有形状图层，使用"联集所选项"即可。

⑤ 绘制"相册"图标。绘制矩形，删除"填充"属性并添加"描边"，然后使用"对象"菜单下的"轮廓化描边"功能，将其轮廓化。按【P】键使用"钢笔"工具绘制"山峰"，并绘制一个正圆。最后，选中所有画好的形状图层，使用"联集所选项"进行合并。

⑥ 绘制"拍照"图标。利用"矩形"工具绘制相机的基本轮廓，并使用"联集所选项"进行图层合并。再使用"椭圆"工具绘制两个圆形，同样地需要用"联集所选项"合并图层。最后选中合并后的矩形与圆形图层，使用"减去顶层所选项"功能。

⑦ 绘制"心情"图标。利用"矩形"工具绘制基本形状，再使用"联集所选项"及"减去顶层所选项"功能进行图层的合并与剪切即可。

⑧ 绘制"发布"图标。利用"矩形"工具绘制基本形状，再使用"联集所选项"将两个矩形进行合并。

⑨ 排版。将画好的所有图标与布局时创建的正方形进行水平垂直居中对齐，使它们位于正方形的中心处。

⑩ 调整细节。由于每个图标的视觉重量的不同，用户肉眼可感受到的图标大小也会有所不同，尽管它们的尺寸数据是相同的。因此，在绘制完图标后，设计者需要对每个图标的尺寸进行微调，以保证它们在视觉上的统一。调整完图标尺寸后，还可以根据实际情况对"按钮""文字"的尺寸与间距进行微调。（图3.128）

⑪ 添加模糊蒙层。新建一个尺寸与框架相同的矩形，将填充颜色设置为白色（颜色代码#FFFFFF），修改填充不透明度为70%。然后，在"效果"属性中，添加"背景模糊"效果。最后，将该矩形图层放置于"底部Tab栏"图层的上方即可。（图3.129）

⑫ 虚化按钮底端。复制任意按钮的矩形部分，把它的"填充类型"修改为"渐变"，修改下方渐变颜色的填充不透明度为0%。然后，在"图层"面板中把该"矩形"图层放置到"按钮"图层的下方，再使用"设为蒙版"功能。（图3.130）

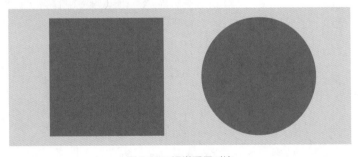

图3.128 视觉重量对比

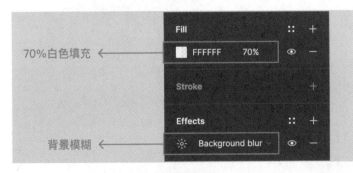

图3.129 模糊蒙层

图3.130 渐变填充

图3.131 完成稿

图3.132 交互流程

步骤3：制作成稿

① 上色。为界面中的元素上色，首先是底部Tab栏的图标。为了区分标签的选中状态与未选中状态，可以将"未选中标签"的不透明度降低。中间的"发布按钮"在"底部Tab栏"中占据最重要的位置，可为它添加颜色填充以突出显示。在发布面板中，不同的按钮之间也需要进行颜色的区分，可以将按钮的"填充类型"更改为"渐变"，并在按钮的底部叠加半透明的图像作为背景。最后，为了避免信息过于繁杂，可将图标及文字部分进行反白处理，与背景部分形成繁简对比。（图3.131）

② 梳理交互流程。每一次开始制作交互原型前，设计者都需要先对交互流程进行梳理。可以使用流程图进行示意。（图3.132）

③ 准备静态图。准备好交互流程中所涉及的页面并合理命名，然后，将弹出的内容剪切到一个空白的透明框架上。（图3.133）

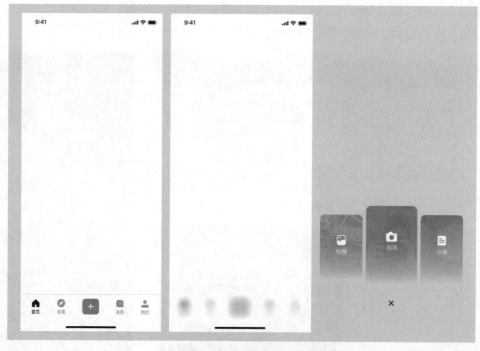

图3.133 准备静态图

④ 设置流程起始点。在右侧边栏中切换到"原型"面板，先在"显示原型设置"中选择演示机型"iPhone X"，并将首页设置为流程起始点。（图3.134）

⑤ 添加交互。选中起始页面中的"发布按钮"图层，在"原型"面板中添加"交互"。选择"触发方式"为"On tap"（点击），"动作"为"Navigate to"（导航到），并将"首页—背景模糊"框架作为目标页面。然后，选中框架"首页—背景模糊"，添加"交互"，将"触发方式"改为"After delay"（延迟触发），并为它设置"延迟时间"。在"动作"选项下，选择"Open overlay"（打开叠加），将"动画方式"设置为"移入"，并选择移入方向为"由下至上"。最后是制作"返回按钮"的交互效果，选中"返回按钮"图层，为其添加一个"单击"后"导航到"初始页面的交互流程即可。（图3.135）

图3.134 原型设置

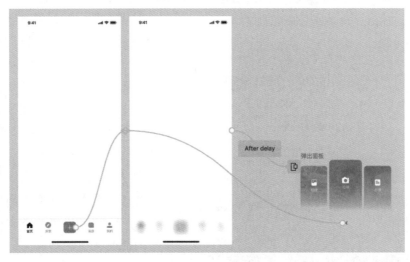

图3.135 交互连线

6）演示与预览。完成原型制作后，可以使用"演示"功能查看其最终效果。而在制作的过程中，如果需要实时检查交互效果的话，则可以使用"预览"功能。（图3.136）

如果在制作过程中遇到困难，那么可以前往"素材文档"查看交互原型参考。具体路径：素材文档—软件详解—练习二—交互原型。

3.1.2 绘制精美的图标

图标，也就是设计师常说的icon，是用于指代某些功能或信息类型的表意图形，也是在用户界面中频繁出现的元素。相比于文字，图标的表达更加直观，可以让用户快速了解其所代表的内容或功能。图标设计是UI设计师的必修课。

图3.136 演示

（1）图标设计规范

1）表意清晰

在图标的设计中，首要的就是表意清晰。设计师需要确保图标的辨识度，以免使用户误解或无法理解，产生不便。

如图3.137所示，上两排图标都是用户常见并已形成共识的，因此用户辨认出这些图标的含义轻而易举。但在实际工作中设计师常常需要绘制一些用户并不常见的图标，如图3.137中下两排图标所

图3.137 常见图标＆非常见图标

图3.138 类型不统一

图3.139 视觉风格统一

示。使用这些图标时，在确保图标本身拥有足够的表意能力的同时，可以附加说明文字，辅助用户快速辨认。

2）一致性

同一套图标需要保持视觉一致性，否则会给用户带来视觉上的违和感、不适感，影响用户体验。然而，一致性的保持并非易事，一些细节上的误差都有可能对其造成破坏。

下面为大家列举了一些保持图标一致性的要点及注意点，以便大家在自主练习、工作时进行自查。

① 类型统一。比如，同一状态（如非选中状态）下的同一套图标中不可以同时出现线性图标和面性图标，如图3.138所示，面性图标的出现会使得图标的一致性遭到破坏。

② 视觉风格统一。图标的视觉风格往往与产品风格相关，保持统一、鲜明的图标风格可以塑造产品的整体调性。（图3.139）

③ 大小统一。同一套图标中，应避免出现大小不一的情况，这里所说的大小指的是视觉感受上的大小。

④ 描边统一。同一套图标中需要避免出现描边粗细不等的情况。

⑤ 圆角的统一。如图3.140所示，在一套圆润的图标中，一旦混入了带有锋利直角的图标，就会显得比较怪异。

⑥ 留白率统一。换句话说，就是保持图标四周的负空间大小的统一。图标的饱满程度、复杂程度都有可能造成留白率的不同。如图3.141所示，形状复杂的图标在较为简洁的图标中显得格格不入。

（2）常见图标类型

1）线性图标

线性图标，即单纯由线条构成的图标。通常情况

图3.140 圆角不统一

图3.141 留白率不统一

下，与面性图标相比，线性图标的视觉表现力较弱，不易对画面中的其他元素产生视觉干扰，适用于功能性图标。在线性图标的设计中，线条的粗细、颜色、转折处的"圆角率"、线条"断点"等因素都会影响线性图标的风格。

描边较粗的线性图标，较之描边较细的图标而言，显得更厚重、醒目、具有力量感，而细描边图标则显得精致、淡雅、安静。（图3.142）

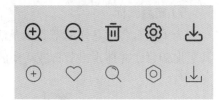

图3.142 描边粗细对比

2）面性图标

由填充块面所构成的图标，在同样的复杂程度下，面性图标往往比线性图标更易识别，尤其是一些结构较为复杂的图标。（图3.143）

图3.143 面性图标

色彩丰富的图标较之单色图标而言更具层次感，而单色图标则有着简洁的特点，使画面给人带来更加清爽的视觉感受，同时也可在一定程度上减少视觉干扰。（图3.144）

图3.144 多色面性图标

线性或是面性图标的选择，一方面依据产品自身风格而定，另一方面也需要考虑当前页面中其他图标的风格。以支付宝App为例（图3.145），它的金刚区被划分为上下两个区域：上方是四个最为核心的功能，使用了线性图标，并衬以蓝色背景，也就是支付宝的品牌色；下方的其他功能则是以面性为主，使得图标产生线面风格的对比，从而达到突出重点功能的效果。试想一下，如果将该区域中的所有图标都更改为面性图标，就不会有如此强烈的对比效果了。

3）线、面结合式图标

线、面结合式的图标往往特点鲜明、富有个性与活力，具有丰富的层次感。常见的线、面图标通常是扁平化的，比如曾风靡一时的MBE风格图标。（图3.146）

4）实拍图标

常见于电商平台，尤其是生鲜类，如盒马、叮咚买菜。实拍图给用户带来的真实感是其他风格的图标所无法比拟的，它能够更直接地体现平台的产品品质，在用户心中快速建立品牌信任感。（图3.147）

图3.145 支付宝App首页截图

图3.146 MBE风格图标（来源：花瓣网）

图3.147 实拍图标（来源：叮咚买菜App截图）

5）主题图标

为了配合各式各样的节日以及活动，设计师可能会对界面中的一些图标进行主题性的包装，使其更加醒目，并体现出节日或活动的特色，营造氛围感。（图3.148）

爱艺之城　　快看视频　　榜单/片单　　请客观影　　福利中心

图3.148 主题图标（来源：淘麦App截图）

现如今，市面上的图标风格层出不穷，在进行风格选择时，设计师需要全方位地考量产品的定位、风格以及业务需求、用户诉求与体验。风格本身并不存在美丑之分，重点在于是否运用得当。

Figma 练习三：绘制磨砂玻璃风格图标

磨砂玻璃风格的图标，顾名思义，是对现实生活中磨砂玻璃质感的模拟，具有通透的特点，同时可以为界面增添呼吸感、轻盈感以及精致感，适合清新、简约风格的产品，是时下流行的风格之一，值得大家掌握。

步骤1：绘制黑白草稿

① 确定概念。接下来将要制作的图标分别是"每日推荐""私人电台""排行榜""有声书"。首先，设计者可以进行快速的头脑风暴，思考这四个词语分别对应了哪些具象事物，并从中筛选出最为合适、最具辨识度的事物用作图标的基本图形。对于"每日推荐"，可以选择"日历"作为基本图形，而"私人电台"可使用"收音机"，"排行榜"可使用"奖杯"，"有声书"则可使用"耳麦"和"声波"。

② 绘制"每日推荐"图标。按【O】键绘制一个正圆形作为背景，填充色代码为#BBBBBB。按【R】键绘制两个矩形作为日历的基本形状，填充色代码#000000，上下排列，间距10px，并分别命名为"矩形1""矩形2"。选中"矩形1"，将它的左上角及右上角的圆角半径改为28px。然后，选中"矩形2"，将它的左下角及右下角的圆角半径改为28px。再次创建四个矩形，将它们的圆角半径拉到最大。将其中两个竖向摆放于"矩形1"上，填充色代码#000000，并和"矩形1"进行"联集所选项"。然后，将剩余两个矩形

每日推荐

图3.149 "每日推荐"图标

横向摆放于"矩形2"上，填充色代码#FFFFFF，并增加摆放于下方的矩形的宽度。最后，选中除白色矩形及圆形背景外的其他图层，进行"联集所选项"。（图3.149）

③ 绘制"私人电台"图标。按【O】键绘制一个正圆形作为背景，填充色代码为#BBBBBB。按【R】键绘制一个矩形作为收音机机身，将圆角半径修改为28px，填充色代码为#000000。绘制两个矩形，将其圆角半径拉到最大，填充色代码为#000000。将其中一个矩形的高度设为72px，并旋转–60°，然后选中另一个矩形，将高度设为24px。再次绘制一个矩形，将左上角与右上角的圆角半径修改为14px，然后将其摆放在收音机机身的上方，并同时选中这两个矩形图层，进行"减去顶层所选项"。选中剪切后的图层和刚才所绘制的所有其他矩形图层，进行"联集所选项"。最后，绘制一个正圆形，填充色代码为#FFFFFF，将其摆放于收音机上作为装饰。（图3.150）

④ 绘制"排行榜"图标。按【O】键绘制一个正圆形作为背景，填充色为#BBBBBB。绘制一个矩形作为奖杯的杯身，填充色代码为#000000，修改圆角半径，分别为28px、28px、100px、100px。绘制两个矩形，作为奖杯的底座。绘制一个矩形，将其左上角及左下角的圆角半径改为20px，按【Ctrl/Cmd+D】键创建其副本，然后选中副本，按【K】键并长按【Alt/Opt】键拖动选框，令其等比例缩小，最后利用"减去顶层所选项"功能，制作镂空样式，形成奖杯的左侧手柄。选中刚才绘制的手柄，按【Ctrl/Cmd+D】键创建副本，并按【Shift+H】键对它进行翻转，形成右侧手柄。选中刚才绘制的所有图形（除圆形背景），进行"联集所选项"。最后，使用"星形"工具，长按【Shift】键绘制五角星（修改圆角半径为6px，比率为52%，填充色代码#FFFFFF），将其摆放于奖杯杯身上作为装饰。（图3.151）

⑤ 绘制"有声书"图标。按【O】键绘制一个正圆形作为背景，填充色代码为#BBBBBB。利用矩形，绘制左侧耳罩部分，然后按【Shift+H】键对它进行翻转，作为右侧耳罩。耳机头梁部分的绘制方式与"排行榜"图标中手柄的绘制方式一致。按【P】键并同时长按【Shift】键，绘制两段垂直折线，然后绘制一个正圆形，并将其与折线进行联集，作为麦克风部分。同时选中所有图层（除圆形背景外），进行"联集所选项"。最后，绘制三个矩形作为声波部分，填充色代码为#FFFFFF，并进行"联集所选项"。（图3.152）

私人电台

图3.150 "私人电台"图标

排行榜

图3.151 "排行榜"图标

有声书

图3.152 "有声书"图标

步骤2：上色

① 填充背景色。以每日推荐为例，选中圆形背景，添加渐变填充，调整渐变颜色代码为#FFABBA 与#F92047。（图3.153）

每日推荐　　私人电台　　排行榜　　有声书

图3.153 填充背景色

② 制作磨砂玻璃效果。给日历部分添加填充色，代码为#FFFFFF，填充不透明度设为70%，并在效果面板中添加"背景模糊"效果，调整模糊值为30。然后，为它添加描边，将描边的填充类型设为渐变，填充色代码为#FFFFFF，通过调整渐变的方向、节点的位置及其不透明度，使其更好地与图形融合，同时暗示光源方向，增强通透感。

③ 为装饰部分填充颜色。选中矩形装饰部分，添加渐变填充，颜色代码为#FFFFFF 与#FFD9E0。（图3.154）

每日推荐　　私人电台　　排行榜　　有声书

图3.154 完成上色

步骤3：最终调整

① 丰富背景细节。为了塑造图标的体积感与质感，设计者可以给圆形背景加上阴影效果。

② 丰富装饰部分细节。同样地，为其添加阴影效果，使图标的层次感更加鲜明。使用阴影时，需要避免阴影效果过强，否则，非但无法达到增强立体感的效果，还会喧宾夺主、使画面显得"脏"。（图3.155）

| 每日推荐 | 私人电台 | 排行榜 | 有声书 |

图3.155 添加细节

③ 检查统一性。设计过程中的每一个步骤、每一次调整都有可能影响图标的统一性，因此，在完成所有内容以后，设计者还需要对图标的统一性进行最后的检查。

Figma练习四：绘制轻拟物风格图标

在早期的iOS UI系统中，拟物化的图标占据了主导地位，此时的拟物风是对真实事物的高拟真度还原，旨在尽可能写实地表现出物品的光影、质感、体积感等细节。（图3.156）

伴随着UI设计风格的迭代与变迁，扁平、简约风格的盛行，早期的拟物风格逐渐转变为如今流行的轻拟物风格。轻拟物风格同样以拟物为基础，但更注重于对真实事物的外形进行概括与简化，而非写实还原，同时省略了复杂的材质表现，保留了对光影与体积的塑造。（图3.157）

步骤1：绘制形状

为了方便对比磨砂玻璃风格与轻拟物风格的特点与异同点，在本次练习中，以上一个练习中曾出现过的"私人电台"图标为例，进行轻拟物风格的转换。

图3.156 早期的拟物化图标
（来源：iOS系统桌面截图）

图3.157 轻拟物图标（来源：美团App截图）

① 绘制基本形。按【A】键新建一个框架，在其中创建一个正圆形作为图标的背景。图形部分仍以收音机为基本概念，提取它的主要特征和轮廓型，概括性地使用几何图形进行绘制，以椭圆、矩形为主，并给矩形添加圆角半径。为了更好地表现体积感，在设计时，可以使用侧视视角来取代正视视角。

② 旋转图形。选中除背景外的所有图层，使其略微倾斜，增强灵动感。（图3.158）

图3.158 单色收音机图标

步骤2：上色

① 填充颜色。使用黄色（代码为#FFC65F）作为收音机的主体颜色，背景部分为淡黄色（代码为#FFF9F1），而蓝色（代码为#D2E6FF）则作为点缀，填充在收音机的天线上，形成冷暖对比，丰富色彩的层次。（图3.159）

② 调整造型。在这个步骤中，设计者还可以进一步对图标的形体结构及比例进行调整，使其更加饱满、美观。

图3.159 铺色

步骤3：形体塑造

① 区分亮暗。确定光源方向为左上角，将色彩的填充类型修改为渐变，利用色彩的三要素，结合光源方向对物体的亮部、暗部作出区分。（图3.160）

② 绘制投影。通过在"设计"面板中添加"阴影"效果，可以快速绘制各个部件的投影。不过，Figma软件所自带的阴影效果的表现力是有限的，为了突出体积感，设计者还可以使用"钢笔"工具画出投影形状，添加"模糊"的效果并调整参数，以达到更加细腻的效果。此外，在绘制投影时，为了使投影范围锁定在对应图形的填充区域内，设计者需要复制出投影所在面的图层，将其置于投影图层的下方，并"设置为蒙版"。（图3.161）

图3.160 区分亮暗

③ 绘制高光。添加高光提亮图标，再次强化体积感。具体操作方法是：绘制一个椭圆，填充代码为#FFFFFF（白色），将其放置于需要添加高光的位置上，并复制高光所在形状的图层副本作为蒙版，最后为高光图层添加"模糊"效果、调整参数即可。（图3.162）

图3.161 设置为蒙版

图3.162 绘制高光

步骤4：细节调整

① 添加反光。通过叠加白色半透明渐变色，在收音机的底部添加微弱的反光效果，在不影响物体的质感表现的前提下，强化它的体积感。

② 添加描边。给收音机的滑轨部分添加左侧及上侧的描边，描边填充类型为渐变，白色半透明。

③ 绘制投影。在背景部分创建一个浅黄色的椭圆，添加"模糊"效果并调整参数使其模糊化，垫在收音机图标的下方，作为它的投影。

这样一来，轻拟物风格的"私人电台"图标就制作完成了，大家可以把它和上一个练习中所讲解的毛玻璃风格图标进行对比，了解这两种时下流行的图标风格的不同特点。（图3.163）

图3.163 完成稿

3.1.3 如何使用插件

Figma软件中配置了庞大的插件库，可以在"Community"（社区）中浏览、查找所需要的插件。

插件的安装与使用方法已经在前文中大致介绍过了，接下来将会为大家推荐一些Figma软件中的常用插件，并为大家讲解这些插件的安装与使用方法。

（1）Unsplash

Unsplash是一个无版权的高清图片资源网站，Unsplash插件可以帮助设计者在设计稿中快速下载并填充图片。（下载网址：https://www.figma.com/community/plugin/738454987945972471/Unsplash）

在浏览器中打开这个网址，点击"Try it out"，并选择"Figma"，即可新建一个Figma设计文档，体验该插件的功能。除此之外，也可以在Figma主菜单下的插件功能（Plugins）或工具栏中的资源面板（Resources）下输入插件名称"Unsplash"直接搜索插件并安装运行。（图3.164）

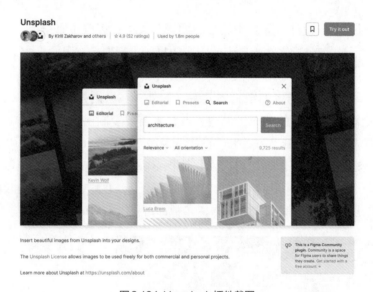

图3.164 Unsplash插件截图

运行插件后，选中需要进行图片填充的图层，再在插件中点击图片素材，所选的图片素材就会被自动填充到这个图层中。未选中图层时，若点击图片则会自动将其下载到画布的空白处，形成独立的图层。

（2）Iconify

Iconify是一个图标库插件，包含了大量免费的矢量图标素材。在设计过程中，需要用到一些简单常用的图标时，可以直接从Iconify中下载，再自行调整为适合当前界面风格的样式，这样就省去了从零开始绘制图标的时间。（图3.165）（下载网址：https://www.figma.com/community/plugin/7350983 90272716381/Iconify）

运行插件后，可以在插件的首页看到许多图标库，如"Material Symbols""Google Material Icons"

图3.165 Iconify插件截图

等。此外，还可以在首页上方的搜索栏中输入所需图标的关键词，进行检索。找到需要的图标后，可以在下方的对话框中修改它的颜色和尺寸，并将其导入到画布中。

（3）Blush

Blush插件为设计者提供了丰富的插画素材，设计者不仅可以选择感兴趣的画风集合，利用素材定制插画，还可以使用"随机"功能，使集合内的元素随机组合，生成画面。（图3.166）（下载网址：https://www.figma.com/community/plugin/838959511417581040/Blush）

（4）Charts

Charts是一款用于快速生成图表的插件，包含了折线图、饼图、圆环图、条形图、散点图等众多常用图表类型。（图3.167）（网址：https://www.figma.com/community/plugin/731451122947612104/Charts）

运行插件后，选择所需的图表类型，并在输入框中填写相应参数，即可生成图表。在输入框的下方，还可以自定义图表的样式，不同类型图表所对应的可修改项也略有不同。

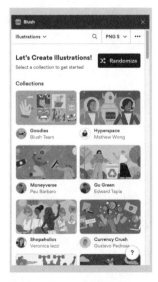

图3.166 Blush插件截图

图3.167 Charts插件截图

插入图表时，在已有选中框架的情况下，图表将会被添加到所选框架中，如果所选对象不是框架图层的话，则图表会被自动添加到画布上。生成好的图表是可以编辑的，点击图表中的任意元素，都可以对它进行调整。

（5）Measure

Measure插件帮助设计者快速地在设计稿中添加批注，标明高度和宽度、距离等数据，方便研发人员进行查看。（图3.168）（网址：https://www.figma.com/community/plugin/739918456607459 153/Measure）

运行插件后，默认显示"Measurement"选项卡。设计者只需要在画布中选择需要标注的对象，然后在插件面板中选择标注内容，就可以在设计稿中查看实时标注了。此外，设计者还可以在此处修改标注框的颜色、线条样式、边框样式、标注单位等参数。选中Settings选项卡，可以看到更多的自定义选择项，如"修改标签字号""定制标签显示内容"等。

（6）Chinese Font Picker

在Figma自带的字体选择器中，许多中文字体的名称都无法被识别，它们可能以英文的形式呈现，或直接显示为乱码，给中文语境下的设计师带来许多的不便。Chinese Font Picker插件整理了系统中已安装的中文字体，不仅可以使这些字体的名称被正确显示，还提供了字体样式预览功能。（图3.169）（网址：https://www.figma.com/community/plugin/851126455550003999/Chinese-Font-Picker）

运行插件后，选择需要修改字体的文本图层，在插件面板中选择相应的中文字体即可进行字体替换。

（7）Content Reel

Content Reel是一款内容填充插件，可以快速地为设计稿填充文本、头像、图像、图标等内容。（图3.170）（网址：https://www.figma.com/community/plugin/731627216655469013/Content-Reel）

接下来以文本填充为例，介绍该插件的使用方法。首先，进入插件面板中的文本选项卡，在画布中选中需要进行填充的文本框，然后在插件中选择填充文本类型，如"Number（hundreds）"，就可以自动将文本框中的内容修改为三位数的数字了。

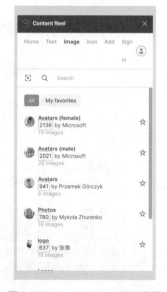

图3.168 Measurement插件截图　　图3.169 Chinese Font Picker插件截图　　图3.170 Content Reel插件截图

除此之外，该插件还提供了搜索功能，包括文字搜索及图片搜索。比如，当设计者需要填充中文文本时，可以在搜索框中输入并查找关键词"Chinese"。

（8）Rename It

Rename It插件主要有"重命名选中图层""查找并替换""快速命名"三大功能。（图3.171）（网址：https://www.figma.com/community/plugin/731271836271143349/Rename-It）

"重命名选中图层"（Rename Selected Layers）：支持批量命名选中图像，可以自定义图像的后缀类型及编号顺序。

"查找并替换所选图层"（Find & Replace selected Layers）：是在选中图层的名称中查找所输入的关键词，并将其替换为指定内容。

"快速重命名"（Quick Rename）：选中图层，输入名称后按【Enter】键即可进行重命名，对多个图层进行重命名时，如果需要添加后缀，可以参考"重命名选中图层"中后缀类型所对应的文本指令进行输入。输入完名称后，按【Tab】键可以选择后缀的排序方式。

（9）Image Palette

Image Palette插件可以帮助设计者对图片的配色进行分析并提取颜色及生成相应的色板，为设计者提供配色方案上的参考。使用时在画布中选中需要分析的图像，运行插件即可。（图3.172）（网址：https://www.figma.com/community/plugin/731841207668879837/Image-Palette）

图3.171 Rename It插件截图　　　　　图3.172 Image Palette插件截图

（10）Autoflow

Autoflow是一款可以自动绘制流程箭头的插件，即在所选元素间形成连线。使用时，运行插件并按下Shift同时选中两个需要进行连接的元素即可。与此同时，该插件内置了"智能障碍检测"功能，可以自动绕开无关的元素。"文本批注"功能，支持在连线上添加文字说明，此外还有连线起点自定义、连线样式自定义等丰富的功能。（图3.173）（网址：https://www.figma.com/community/plugin/733902567457592893/Autoflow）

（11）Vectary 3D Elements

Vectary 3D Elements插件提供了许多3D样机模型，可以将2D设计稿添加到样机中进行展示，同时支持自定义环境、材质及镜头。鼠标左键【拖拽】可以调整视角、【滚动】鼠标滚轮可以缩放视图大小。（图3.174）（网址：https://www.figma.com/community/plugin/769588393361258724/Vec-

图3.173 Autoflow插件截图　　　　　　　图3.174 Vectary 3D Elements插件截图

tary-3D-Elements）

使用时，选择所需的样机，准备好2D贴图并使它处于选中状态，点击"Apply Frame"按钮即可。部分样机素材上会标明贴图尺寸，按照该尺寸制作2D贴图即可。此外，还可以点击"Get Layout"按钮以获取样机的默认贴图。

（12）Morph

如果需要为图层快速地添加一些特殊视觉效果，那么Morph插件将会是一个不错的选择。它提供了光影、霓虹灯、故障风、倒影等丰富的效果预设，选中图层后，在插件中选择需添加的效果，调整参数并应用即可。（图3.175）（网址：https://www.figma.com/community/plugin/906950256777348534/Morph）

（13）Dark Mode Magic

Dark Mode Magic的功能是将设计稿由浅色模式转变为深色模式。使用时选中图层或框架，运行插件即可。（图3.176）（网址：https://www.figma.com/community/plugin/834062945643616879/Dark-Mode-Magic）

图3.175 Morph插件截图　　　　　　　图3.176 Dark Mode Magic插件截图

（14）Pixel Perfect

该插件的功能是将图层属性中的小数一键四舍五入为整数。运行插件后，选中需要省略小数的图层，再点击插件面板中"run"按钮即可。（图3.177）（网址：https://www.figma.com/community/plugin/ 741300632449121669/Pixel-Perfect）

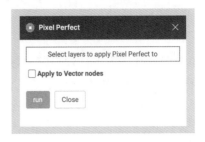

图3.177 Pixel Perfect插件截图

3.1.4 UED常用网站

优秀的设计网站可以帮助设计者提升设计能力和设计效率，接下来，将为大家推荐一些常用的资源类、工具类网站。

（1）Dribbble

Dribbble是一个大型设计师社区，供设计师分享、交流作品。设计者可以在该平台上浏览其他设计师发布的优秀作品，也可以发布自己的作品，如果作品足够优秀，还有可能获得一些工作机会。（图3.178）（网址：http://dribbble.com）

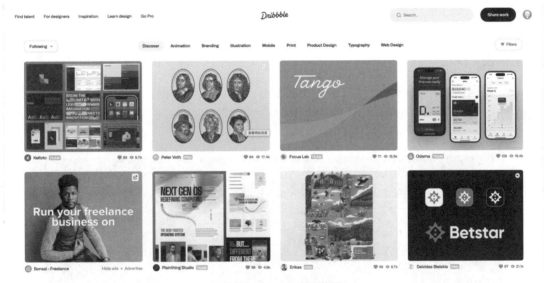

图3.178 Dribbble首页截图

（2）Awwwards

图3.179 Awwwards首页截图

Awwwards是国外知名的网页设计奖项评选机构，设计者可以在它的官方网站上查看优秀的网页设计案例。来自全球的网页设计者会将作品投稿到平台，由专业评审裁定获奖者及相应奖项，具有较高的参考价值。（图3.179）（网址：https://www.awwwards.com）

（3）美叶

"美叶"为设计师提供灵感来源，在其网站上设计者可以浏览界面、插画、图标等UI设计相关内容的案例，作为设计参考。它的分类非常细致，方便设计者进行图片的查找。（图3.180）（网址：https://www.meiye.art）

图3.180 "美叶"首页截图

（4）优设

"优设"是国内的大型UI设计师社区，网站上有许多UI设计教程、干货及心得分享，还有时下流行趋势推送，值得设计师利用空闲时间进行浏览，了解业内资讯。（图3.181）（网址：https://www.uisdc.com）

图3.181 "优设"首页截图

（5）人人都是产品经理

它是互联网产品从业者及爱好者社区，提供了与产品设计、交互设计、用户体验设计等领域相关的海量知识、资讯与经验，同时也是一个功能完善的交流平台，设计者不仅可以在该平台上浏览文章，还可以与其他用户进行问答互动。（图3.182）（网址：https://www.woshipm.com）

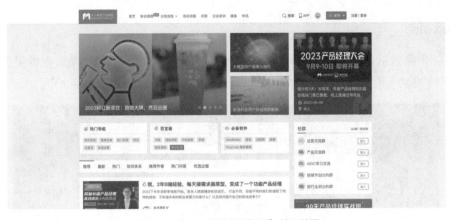

图3.182 "人人都是产品经理"首页截图

（6）Iconfont

Iconfont是阿里巴巴旗下的免费矢量图标资源平台，设计师可以在平台上下载使用他人分享的图标资源，平台提供了SVG、AI、PNG格式文件下载及SVG代码复制。随着平台的发展，除矢量图标库外，还新增了3D插画库、动效库、字体库。它是一个庞大的资源网站。（图3.183）（网址：https://www.iconfont.cn）

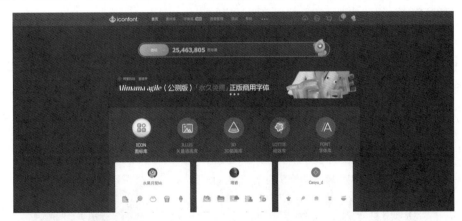

图3.183 "Iconfont"首页截图

（7）Unsplash

除了在Figma中使用Unsplash插件进行图片资源的快速导入之外，设计者也可以使用浏览器登上Unsplash的官方网站，浏览和下载高清的图片素材。Unsplash平台为设计者提供了海量的优质高清图片，并且其中的大部分图片都可以被免费使用。（图3.184）（网址：https://unsplash.com/）

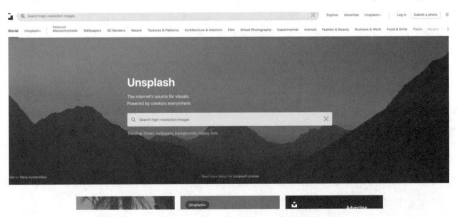

图3.184 "Unsplash"首页截图

（8）Pexels

Pexels是一个免费的图片及视频素材网站，和Unsplash相类似，为设计从业者提供海量的优质素材，并且支持关键词检索。（图3.185）（网址：https://www.pexels.com/zh-cn/）

图3.185 "Pexels" 首页截图

（9）Pinterest

Pinterest是国外知名的图片搜索平台及灵感平台，除了基础的查看浏览图片功能外，它还为用户提供了灵感板功能，用户可以将感兴趣的图片收集到灵感板中，并分类存放，还可以与其他用户分享自己所搜集的内容、关注感兴趣的用户。（图3.186）（网址：https://www.pinterest.com/）

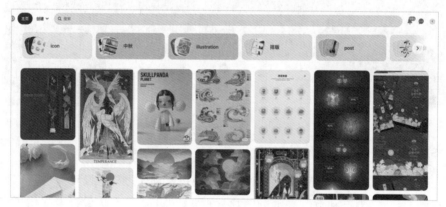

图3.186 "Pinterest" 首页截图

（10）"花瓣"

"花瓣"类似于Pinterest，是国内较大的灵感搜集平台，同样地支持用户对感兴趣的图片进行分类归档，以及与其他用户进行交流、分享。（图3.187）（网址：https://huaban.com）

（11）Coolors

Coolors是一个自动配色工具网站，它的使用方法非常简单。进入网站后，页面中将会自动出现一套配色，设计者可以选择需要保留的颜色，点击Toggle lock将其锁定，然后按下空格键使其他颜色随机变化，产生新的色彩组合。（图3.188）（网址：https://coolors.co）

图3.187 "花瓣" 首页截图

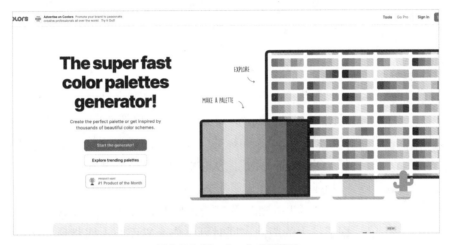

图3.188 "Coolors" 首页截图

（12）TinyPNG

免费的在线图片压缩网站，可以在最小化图片质量损伤程度的情况下对图片进行大幅度的压缩。该网站支持最多20张图片同时上传与压缩，工作效率高，功能十分强大。（图3.189）（网址：https://tinypng.com）

图3.189 "TinyPNG" 首页截图

3.1.5 制作一个完整的页面

通过对上文内容的学习，相信大家对于Figma的基本操作已经有所了解了，接下来将要使用Figma制作一个完整的页面，并借此机会对先前所学的知识进行一次系统性的梳理，同时拓展更多UED方面的理论知识。

Figma 练习五：阅读类 App 首页设计

图3.190 参考图

首先，对参考图进行分析。在临摹设计稿时，这一步往往是最为重要的。通过分析，设计者可以更加深入地了解作者的设计意图，从而化为己用。（图3.190）

（1）界面结构

这是一个漫画阅读类App的首页，界面结构清晰明了，信息内容以图片为主，文字部分占比不大。顶部Tab栏中包含了关注、推荐、今日更新等常用分类标签，在标签的最右侧放置了两个小按钮，分别是"分类"和"礼物"，从它们的摆放位置和在页面中的占比来看，这两个功能显然是优先级不太高的。

顶部Tab栏的下方是搜索栏，浮于Banner的上方。Banner部分占据了较大的版面，同时可以作为界面的头部背景，处在整个界面的核心位置，通常用来放置一些热门内容、活动，最能抓住用户的眼球。

再往下看，是"最近在追"和"猜你喜欢"板块，它们使用了卡片式的设计。该设计方式模拟了现实中的卡片，并将其作为界面中的容器，可用于承载一种或一组信息。可以看到，卡片的底部叠加了投影效果，因而能够与背景区分开，同时提升整体界面的层次感与空间感。为了提升整体界面的亲和力，还可以为卡片设置一定的圆角。在进行卡片的内部布局时，可以使用栅格系统，对内部元素的间距、边距进行统一规范，使排版更具条理性、逻辑性。

整体来看，这个界面的布局顺序由上到下分别是顶部Tab栏、搜索栏、Banner、"最近在追"和"猜你喜欢"，那么大家可以思考一下，为什么是这样的顺序呢？接下来为大家介绍的"古腾堡原则"可以很好地解答这个疑惑。

1）古腾堡原则

用户的阅读顺序遵循着从左到右的眼动规律，因此，设计者在用户最先阅读到的区域中放置Banner、Tab栏以及搜索栏，如果Banner中含有文字内容，则它的文字部分一般放置于左侧区域。Banner的滑动条放置于该区域的右下方，也处在用户的视觉动线上。"最近在追"的标题字放置于卡片的左侧，用户阅读完Banner部分后，自然而然地便会注意到这里，阅读过后就可以了解到这张卡片的内容主题。（图3.191）

图3.191 古腾堡原则

当然，除了古腾堡原则之外，还有许多与之相似的理论模型，比如Z型视觉模型、F型视觉模型等等。

2）Z型视觉模型

Z型视觉模型，顾名思义，指人的视线遵循着字母"Z"的外形，从左到右、自上而下地进行流动，与古腾堡原则相类似。它通常被应用于包含了图片、文字、按钮等多种元素的界面设计。在该模型中，用户视线的起点在界面的左上方，然后水平向右移动，再沿着对角线转移到左下方，然后继续水平向右移动，直到终点。（图3.192）

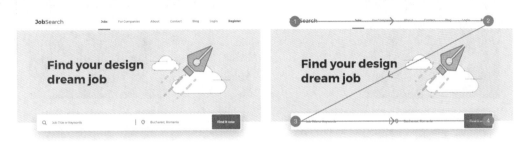

图3.192 Z型视觉模型

3）F型视觉模型

在设计文本较为繁多、内容形式较为单一的界面时，可以参考F型视觉模型。F型视觉模型最早由著名设计工程师尼尔森提出，指用户以字母"F"的形状进行视线的游移。（图3.193）

图3.193 F型视觉模型

在这种布局模式下，用户的视线将会更加聚焦于界面的左侧，并且阅读的方式往往是快速扫描，而非逐字逐句地精读。因此，在运用F型视觉模型时，设计者应该对内容进行合理的主次排序，将最需要向用户传达的信息放置在界面的左侧，稍微次要的信息则放置于右侧视线结束点的位置。然后从图形、色彩、文字、质感、构成等视觉要素上入手，更加清晰地进行信息层级的划分，引导用户的视线。与此同时，设计者也需要避免排版结构的单一化，比如可以在以文字为主的排版布局中插入图片来排版。

（2）视觉风格

由于是漫画阅读类App，参考界面中的图像都是以漫画风格为主。这里为了保持视觉风格的统一，选用了调性相似的漫画作为配图，它们的共同点是画面风格较为朴素、色彩鲜明，以红绿配色为主。图形部分都做了圆角处理，在选中顶部Tab栏的某个标签时，它的下方会出现一条弧线，类似于微笑的标志，底部Tab栏的社区标志也是同理，这些微小的细节能够为界面增添一些活泼感。

接下来，正式进入到实操部分。

步骤1：前期准备

新建框架。首先，创建好Figma设计文档并命名。在文档中，创建一个尺寸为375*812的空白

框架，并放置好iOS的系统自带组件——"状态栏"和"Home指示器"。最后，把参考案例放入页面中。（图3.194）

步骤2：绘制线框图

使用灰阶色块建立布局。排版时可以遵循8px法则，使元素之间的距离尽量保持为4px的倍数。在这个阶段中，不需要过多地考虑界面中元素的样式或视觉效果。（图3.195）

图3.194 新建框架

图3.195 线框图

① 绘制顶部Tab栏。按【T】创建6个文本框，并输入对应的标签文案，字体设为"苹方（苹果系统）"或"思源黑体（Windows系统）"，字重设为"中黑体（Medium）"。然后，将"推荐"文本放大突出显示。接下来，选中Tab栏中的所有内容，按【Ctrl / Cmd + Alt / Opt + G】将其编为框架，拉伸框架边缘至标签"男生"中"男"字所在的位置。在"设计"面板中勾选"clip content（裁剪内容）"选项，隐藏选框外的内容。最后，打开"Iconify"插件，搜索关键词"classify""gift"，调整尺寸，使它和未选中状态下的标签字号大小保持一致，然后导入到画布中。最后，将它摆放在界面的头部，并将两侧页边距设为12px。（图3.196）

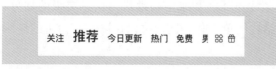

图3.196 顶部Tab栏

图3.197 Banner区

② 绘制搜索框。创建一个矩形，使它的宽度与顶部Tab栏的总宽度保持一致，然后放置一个"放大镜"图标即可。

③ 绘制Banner区。创建一个宽度与界面持平的矩形，将其放置在搜索栏的下方，将两者间的距离设置为12px。然后在Banner的右下角处绘制滑动控制器，用矩形绘制"当前所在页面"的指示按钮，而其他按钮则为半透明的圆形。（图3.197）

④ 绘制"最近在追"卡片。在框架中创建一个宽为351px的矩形，将它的两侧页边距设为

12px。然后，在卡片的左上角处创建文本框，输入"最近在追"，将字重设为"Medium"。在右侧添加文本框并输入"更多"，并在其右侧绘制一个"箭头"符号。卡片中包含了三栏内容，它们的结构相同，都由封面、标题及阅读进度组成，设计者可以先做好其中的一栏，然后按【Ctrl / Cmd + D】复制出剩下的内容。最后，修改文本的对齐方式，将标题部分修改为左对齐，阅读进度部分修改为右对齐。（图3.198）

⑤ 绘制"猜你喜欢"卡片。"猜你喜欢"卡片的基本框架与"最近在追"相同，但阅读方向有所改变。"最近在追"遵循从左至右的阅读方式，而"猜你喜欢"则为上下式。阅读方向的差异可以暗示两个模块所包含的内容是不同的，也能使界面的结构更加多样化。（图3.199）

⑥ 绘制底部Tab栏。底部Tab栏中有"首页""书架""社区""我的"四个模块，每个标签的上方为图标，下方是文字。图标为功能型图标常用的线性风格，选中时则更改为面性填充并对图标及文字进行加深处理，以示区分。（图3.200）

步骤3：绘制高保真原型图

① 绘制Banner。增加Banner图占位矩形的高度，直至与界面顶部齐平，并放置在其他图层的下方。然后，选中占位矩形，点击右侧属性面板中的填充，选择"图形填充"，导入相应的图片。添加好图片后，将顶部Tab栏的文字颜色代码修改为#FFFFFF，并在"推荐"的下方添加一道弧线。最后，创建一个矩形，将填充类型改为"渐变"，修改渐变色，使其与Banner图的背景色相似，并设置下方渐变色的填充不透明度为0%。最后，将它放在界面的最顶部，覆盖于Banner的上方。

② 绘制搜索栏。将矩形框部分的填充色代码修改为#000000，并将它的圆角半径调至最大，同时降低矩形框和放大镜icon的填充不透明度至15%和85%。

③ 绘制翻页器。修改翻页器中矩形部分的圆角半径，然后在Banner的底部添加一个半透明的黑色渐变矩形蒙层，叠加在翻页器的下方以进行衬托。（图3.201）

图3.198 "最近在追"卡片

图3.199 "猜你喜欢"卡片

图3.200 底部Tab栏

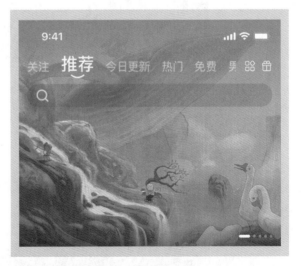

图3.201 界面头部

④ 绘制卡片。首先，修改卡片的圆角半径，使它的边角看起来具有一定的圆润感，卡片内部的图片占位框也是同理。修改好后，将图片填充进矩形占位框中。然后，调整右侧的"更多"和"换一批"按钮的颜色，使它和左侧的标题字产生区别。在"猜你喜欢"中，使用适当的颜色对漫画标题右侧的漫画类型标签进行填充，如"大女主"标签对应粉色。制作封面右上角处的标签时，按【Enter】键进入"路径编辑"模式，选中左侧的两个锚点，最大化圆角半径，并为它们填充主题色（代码#FF891D）。最后，为卡片的背景部分添加一个"投影"效果即可。（图3.202）

底部Tab栏的制作方法及步骤在"练习：Tab栏设计"中已有详细的介绍，这里就不多做赘述了。

步骤5：检查

① 检查不和谐元素。检查界面中是否存在不和谐的或者可能造成用户视觉不适的部分，以及是否存在可能造成用户误操作或者误解的部分，这些问题都将直接影响到用户体验。

② 检查视觉层级。检查界面中的视觉层级是否划分得当、布局排版是否合理，这关系着重要信息能否被用户快速获取。

③ 检查视觉风格。文字、图片、图标的风格是否符合产品调性影响着界面的氛围感与品牌的塑造，符合产品调性的视觉风格能够起到品牌宣传的作用，在用户心中潜移默化地建立起品牌形象。

④ 检查规范符合情况。在实际的工作中，检查设计稿时还应注意界面是否符合平台的整体设计规范。

⑤ 其他内容。比如，界面中是否存在难以落地的设计点，在交付给研发人员时是否有需要特别备注的注意点、要点等等。

3.1.6 如何制作交互原型

Figma中的Smart animate（智能动画）是一种交互动画的演绎方式，原理和补间动画相似，通常用来制作界面中各个元素的动效，如按钮、图标、背景等。在制作"智能动画"时，必须确保参与动效演绎的元素图层在不同框架中的名称是一样的，并且不可有重名的图层，否则可能会导致出错。（图3.203）

图3.202 "最近在追""猜你喜欢"卡片

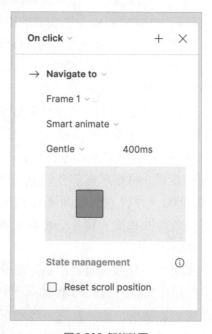

图3.203 智能动画

Figma 练习六：常见交互原型制作

（1）功效案例：菜单展开

它的交互方式是：点击"+"号按钮，即可呼出其他三个隐藏的功能按钮，同时"+"号产生旋转，变为"×"号。此时点击"×"号，按钮将被重新收起，并回归原位。（图3.204）

首先，打开"素材文档"，在页面"3 软件详解"中找到"Figma动效案例：菜单展开"，选中框架"设计稿"，复制到新建好的设计文档中。

接下来，制作菜单收起时的状态。选中框架"设计稿"，按【Ctrl / Cmd + D】创建副本。旋转"×"号，将其改变为"+"号。然后，把展开的三个图标拖到主按钮的下方。调整图层顺序，使主按钮的图层顺序置于最顶部，才可令其遮盖掉另外三个按钮。

最后，打开"原型"面板。从"收起"状态的主按钮处开始，将交互连线画到另一个框架处，设置交互触发方式为"On click"（单击），动画方式为"Smart animate"（智能动画），最后从"展开"状态的主按钮处画出一条连向"Back"（返回）的线即可。（图3.205）

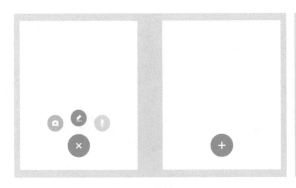

图3.204 菜单展开

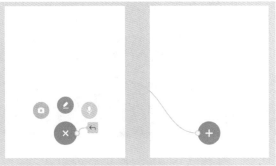

图3.205 "菜单展开"交互原型

（2）动效案例：下拉选择器

打开"素材文档"，找到"Figma动效案例：下拉选择器"，选中框架"收起"和"展开"，复制到自己新建好的设计文档中。

全选两个框架，在创建组件工具下选择"Create component set"（创建组件集），然后切换到"Prototype"（原型）选项卡，从"收起"框架处画出连线，连接至"展开"框架，触发方式设为"On click"（单击）。最后，从"展开"框架处画出一条连线，连接到"Back"。（图3.206）

（3）动效案例：轮播图

在"素材文档"中找到"Figma动效案例：轮播图"，选中框架"设计稿"，复制到新建好的设计文档中。

移动轮播图的位置，将图层"轮播图3"移动到框架"设计稿"中图层"轮播图2"的位置，并使图层"轮播图3"

图3.206 创建组件集

的大小也与其保持一致。（图3.207）

　　接下来制作交互部分。选中图层"轮播图2"，画出交互连线并连接到框架"设计稿2"上，触发方式选择"On drag"（拖动），动画方式为"智能动画"。选中框架"设计稿"，画出一条连接到框架"设计稿2"的线，触发方式修改为"After delay"（延迟后）即可，注意，"After delay"只可应用在框架上。（图3.208）

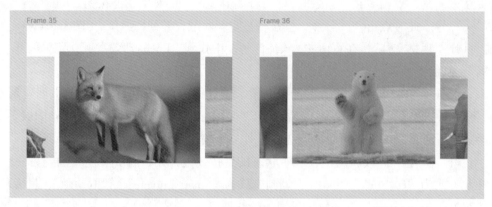

图3.207 轮播图

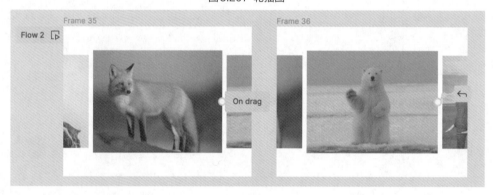

图3.208 "轮播图" 交互原型

（4）动效案例：页面滚动

　　在"素材文档"中找到"Figma动效案例：页面滚动"，选中框架"设计稿"，复制到新建好的设计文档中。

　　选中界面中间需要进行滚动的部分，基于它创建一个框架，勾选"裁剪内容"，调整框架的高度，与顶部Tab栏和底部Tab栏的边缘位置齐平。此时，这个框架就成为了这部分内容的滚动容器，滚动行为将在其中进行，而框架外的其他内容则保持不变。然后，在"原型"面板中"Scroll behavior"（滚动行为）栏目下的"Overflow"处将溢出部分的滚动方式设为"垂直"。（图3.209）

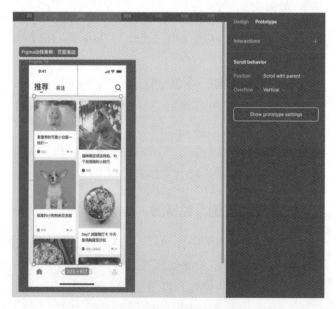

图3.209 "页面滚动" 交互原型

3.1.7 移动端Figma App

制作好设计稿后，可以通过右上角的"演示"功能预览界面效果。为了进一步还原移动端的UI展示效果，设计者还可以下载并使用"Figma"的手机客户端。使用这个App的时候，需要使手机和电脑连接于同一个局域网内，否则手机端将无法成功映射电脑端的内容。

除了下载App之外，也可以在手机浏览器中打开网页版Figma进行在线预览。（网址：https://www.figma.com/mobile-App）

3.1.8 Figma中的进阶技巧

（1）响应式布局

Figma的自动布局功能可以帮助设计者创建动态的框架，使子级内容和父级内容产生关联式的变化，即修改容器中的内容时，框架也会进行相应的收缩或扩展，反之亦然。常用于"响应式布局"的制作或组件库的搭建。

接下来，可以通过几个简单的案例来进一步地了解"自动布局"功能和"约束"功能的具体使用方法。

1）响应式文本框

使用文本工具，在画布中输入文本内容，将文本的对齐方式设置为左对齐及垂直居中对齐。选中文本图层，按【Shift + A】键创建自动布局，此时会自动地在文本图层的外部形成一个包裹它的框架。将该框架的圆角半径调至最大，然后填充一个任意的颜色。（图3.210）

接着，在"设计"面板中，将布局方式设置为"Horizontal layout"（水平布局）。设置好后，选择文本框，双击进入"文本编辑"模式，在后方输入更多的文字，就可以看到背景的矩形部分被自动地横向拉长了，而当文字被删减时，矩形部分又会随之缩短。

图3.210 响应式文本框

这是因为在"设计"面板中，容器框架的"水平尺寸调整"及"垂直尺寸调整"属性为"适应"状态，如果设计者将其修改为固定宽度或固定高度，那么矩形的宽度或高度就不会发生变化了。

根据这个原理，设计者还可以创建自动进行竖向变化的文本框。在"设计"面板中，将文本框的属性修改为"水平居中""上对齐"及"自动高度"。然后选中框架，将它的自动布局方式修改为"Wrap"（换行）。此时，在文本框中输入更多文字，就可以发现文字自动地换了行，而框架的纵向高度也随文字的增多而不断拉伸。如果设计者需要指定框架的拉伸方向，例如使它从上往下进行拉伸，则需要在"Constraints"（约束）中选择约束左侧及上方，这样它的子图层就会始终固定在左上角的位置上了。（图3.211）

图3.211 自动换行

2）响应式卡片

相比于文本框，卡片能够承载更加丰富的内容，但它们的原理其实是相同的。下面介绍响应式卡片的制作方法。

首先，在界面中创建三个文本框并分别输入对应的文字，然后在价格文本的右侧添加一个"折扣中"标签，将它和价格文本编为一个组，最后在右侧放置一张商品图片。（图3.212）

框选除图片之外的所有元素，按【Shift + A】键创建自动布局。然后，选中自动布局框架以及右侧的图片图层，按【Shift + A】键，再次创建自适应布局。

接下来，点击文本图层"Vivienne……"，将它的"水平尺寸调整"属性修改为"Fill container"（填充容器），这样一来，当设计者拉伸文本所在的父级框架时，文本框的长度就会随之变化了。然后，选中该文本图层的父级框架，将它的"水平尺寸调整"属性也改为"填充容器"即可。（图3.213）

图3.212 创建内容示例

图3.213 响应式卡片示例

（2）制作组件库

1）父级组件与子级组件

在Figma中，"父级组件"是组件的原始形态，而由"父级组件"复制而来的副本则被称为"子级组件"，代表它们的图标也有所不同。由四个菱形组成的icon对应着"父级组件"，而icon中只有一个菱形的则对应着"子级组件"。（图3.214）

图3.214 父级组件与子级组件

2）组件变体

"组件变体"是多个父级组件的集合，这个功能通常用于制作包含多种状态的组件。比如，在设计按钮时，设计者通常需要同时考虑到它在点击状态、禁用状态、默认状态等不同状态下的样式。

3）样式

"Style"（样式）也是组件库的一个组成部分，可以在同一文档内或不同文档间被快速复用。文字、颜色、效果属性均可被设为"样式"。

（3）如何利用组件变体及布尔属性制作自动布局表格

步骤1：准备素材

① 首先，准备好表格中的元素——"信息""状态标签""复选框"，此外，还需要将它们的不同状态也分别制作出来。

② 创建组件集。分别选中每组同类元素，点击界面上方的"创建组件集"按钮。（图3.215）

步骤2：制作自动布局表格

① 制作单个表格。复制各个组件集中任意一个父级组件的副本，同时选中这些图层，按【Shift +A】键创建自动布局，将框架命名为"单个表格"，布局方式设为"水平布局"，间距为80px，四周边距为20px。

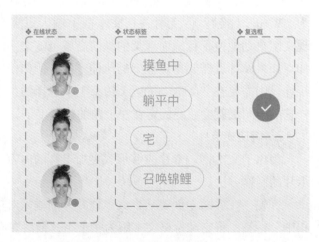

图3.215 准备素材

②制作复合表格。选中框架"单个表格"，按【Shift + A】键，在其外侧再次创建一个自动布局框架，将布局方式设为"垂直布局"，间距为20px，边距为0px，命名为"表格组"。将框架"表格组"创建为组件。选中框架"单个表格"，按【Ctrl / Cmd + D】键，所创建的副本将会自动地进行竖向排列。（图3.216）

图3.216 自动布局表格

（4）UI切图规范

1）图片倍数与格式

通常是输出2倍图及3倍图，以png格式为主。

2）图标

进行图标的切图输出时，需要注意将除图标本身之外的可点击范围也一并进行切图输出，而不是仅仅只导出矢量图形部分。

3）压缩文件

导出图片文件后，通常需要使用压缩工具对它们的大小进行压缩，尤其是插图、背景这类较大的文件，以免给用户带来加载负担。

（5）Figma汉化

无论是网页端还是桌面端，Figma的官方版本都是以英文作为主要语言的，可能会给设计者带来些许不便。为此，许多第三方开发者为它制作了汉化补丁。网站https: //www.figma.cool/cn提供了macOS版本与Windows版本的中文客户端，以及基于Chrome浏览器的网页版Figma的汉化插件。

3.1.9 Figma常用快捷键

（1）基础工具

	功能	MacOS	Windows
基础工具	移动	V	V
	缩放	K	K
	画框	F	F
	分区	shift+S	shift+S
	切片	S	S
	矩形	R	R
	直线	L	L
	箭头	shift+L	shift+L
	椭圆	O	O
	插入图片	shift+cmd+K	ctrl+shift+K
	钢笔	P	P
	铅笔	shift+P	shift+P
	文字	T	T
	资源	shift+I	shift+I
	抓手	H	H
	评论	C	C

图3.217 "基础工具"功能快捷键

117

（2）编辑

功能	MacOS	Windows
撤销	cmd+Z	ctrl+Z
重做	cmd+shift+Z	ctrl+shift+Z
复制	cmd+C	ctrl+C
粘贴	cmd+V	ctrl+V
按一定位置复制/粘贴	cmd+D	ctrl+D
剪切	cmd+X	ctrl+X
重命名	cmd+R	ctrl+R
导出	shift+cmd+E	ctrl+shift+E
复制属性	opt+cmd+C	ctrl+alt+C
粘贴属性	opt+cmd+V	ctrl+alt+V
全选	cmd+A	ctrl+A
反选	shift+cmd+A	ctrl+shift+A
编组所选项	cmd+G	ctrl+G
编组为画框	opt+cmd+G	ctrl+alt+G
取消选择	esC	esC
取消编组	shift+cmd+G	ctrl+shift+G
复制副本	opt+鼠标拖动	alt+鼠标拖动
选择里层图层	cmd+鼠标单击	ctrl+鼠标单击
从中心处缩放	opt+鼠标拖动缩放	alt+鼠标拖动缩放
等比例缩放	shift+鼠标拖动	shift+鼠标拖动

（编辑）

图3.218 "编辑" 功能快捷键

（3）图层

功能	MacOS	Windows
路径编辑模式	鼠标双击/enter	鼠标双击/enter
水平翻转	shift+H	shift+H
垂直翻转	shift+V	shift+V
设为蒙版	ctrl+cmd+M	ctrl+alt+M
设置透明度为100%	0	0
设置透明度为50%	5	5
设置透明度为1%	0+1	0+1
裁切图片	opt+鼠标双击	alt+鼠标双击
前移图层	cmd+]	ctrl+]
后移图层	cmd+[	ctrl+[
左对齐	opt+A	alt+A
右对齐	opt+D	alt+D
顶部对齐	opt+W	alt+W
底部对齐	opt+S	alt+S
水平居中对齐	opt+H	alt+H
垂直居中对齐	opt+V	alt+V
水平间距均分	ctrl+opt+shift+H	ctrl+alt+shift+H
垂直间距均分	ctrl+opt+shift+V	ctrl+alt+shift+V
整理	ctrl+opt+shift+T	ctrl+alt+shift+T
创建组件	ctrl+alt+shift+T	ctrl+alt+K
删除锚点并闭合路径	shift+delete	shift+delete
轮廓化描边	shift+cmd+O	ctrl+shift+O
拼合所选项	cmd+E	ctrl+E

（图层）

图3.219 "图层" 功能快捷键

（4）视图

功能	MacOS	Windows
标尺	shift+R	shift+R
显示轮廓	shift+O	shift+O
放大	cmd++	ctrl++
缩小	cmd+−	ctrl+−
对齐到像素	shift+cmd+'	ctrl+alt+\
布局网格	shift+G	shift+G
像素网格	shift+'	shift+'
缩放以适应屏幕	shift+1	shift+1
缩放至100%	cmd+0	ctrl+0
缩放至所选项	shift+2	shift+2
显示/隐藏所选项	cmd+shift+H	ctrl+shift+H
锁定/解除锁定图层	cmd+shift+L	ctrl+shift+L
显示距离	opt+鼠标悬停	alt+鼠标悬停

（左侧合并单元格标注：视 图）

图3.220 "视图"功能快捷键

3.2 Principle

3.2.1 初识Principle

Principle是一款交互动效软件，可用于制作轻量级的界面交互原型。它的特点是操作简单、易上手，功能也十分完善。与之相比，AE（Adobe After Effects）能够实现更加复杂且细腻的动画效果，但上手难度高。而Figma自带的原型设计功能虽然省去了转换软件的麻烦，但功能尚不完备。

目前市面上的动效软件数量繁多，除了上述的三款软件之外，还有Protopie、Flinto等，但其功能、用途大同小异，只需掌握其中的一种即可触类旁通、举一反三。

需要注意的是，Principle软件需要在MacOS系统中下载安装，如果使用的是Windows系统的话，那么可以选择安装虚拟机或使用Protopie等其他同类软件进行替代。

（1）Principle的操作界面

Principle的操作界面十分简洁明了，主要由顶部的"工具栏"及左侧的"图层""属性"栏组成。中间则是"画布"区域。在默认状态下，界面右侧会出现一个"预览"窗口，方便设计者即时查看、检视交互效果，并且支持对交互效果进行"录像"与"导出"。（图3.221）

图3.221 Principle操作界面

（2）顶部工具栏

顶部工具栏中的"Insert"（插入）功能，支持插入矩形、圆、圆角矩形、文本及画板元素到画布中。"Import"（导入）功能可用于导入Sketch或Figma文件到Principle中。（图3.222）

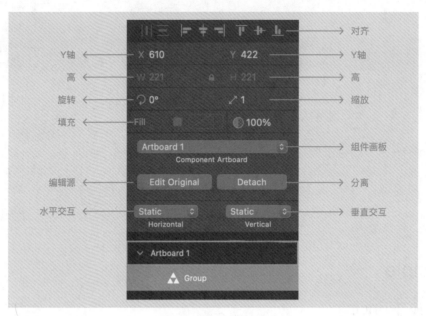

图3.222 "组件"属性面板

"Create component"（创建组件）：功能类似于Figma或Sketch中的"创建组件"功能，通常用于制作单体元素的微动效。使用该功能后，可将目标对象创建为父级组件，进入"组件编辑"模式，单独对它的交互动效进行编辑。返回画布后，如果需要再次进入到"组件编辑"模式的话，双击该组件即可，也可以在左侧边栏中点击"Edit Original"（编辑源）。

"Detach"（分离）：点击后可使当前组件与父级组件分离。

"Drivers"（联动）：使用该功能后，当设计者操作一个对象时，与之产生"联动"关系的其他对象也会随之变化。使用"联动"功能前，需要先给"主动"对象设置一个水平或垂直方向的非静态属性。然后，点击"联动"按钮，就会以"主动"对象的水平或垂直变化状态为坐标建立时间轴，这时就可以在该面板下任意地添加"联动"对象及其相关属性了。

以"水平拖拽"为例，将"主动"对象的"水平"状态设置为"拖拽"，并在联动面板上添加"联动"对象的"中心X"属性，打上第一个关键帧，然后拖动时间轴，再打上结束帧，同时修改"联动"对象的横坐标。（图3.223）这样一来，当设计者在预览窗口中拖拽主动对象时，联动对象就会跟随它进行横坐标的变化了。

图3.223 联动

"Animate"（动画）：点击后可以打开"动画"时间轴。点击需要进行编辑的交互连线，即可对该交互的动画效果、动画时长等属性进行修改调整。直接点击交互连线也可打开该交互流程所对应的"动画"时间轴。（图3.224）

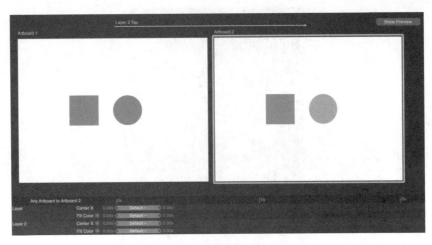

图3.224 动画

"Group"（组合）：与Figma中的"编组"功能的原理相同，使用该功能可将所选中的对象编为一个整体的组，组内的各个子图层依然会作为独立对象存在。

"Forward"（前移）和"Backward"（后移）：该功能可使所选对象的图层顺序发生改变。

"Export"（导出）：该功能支持导出图像、HTML、GIF动画、视频等格式的文件。

"Tutorials"（教程）：点击后可以超链接到Principle官方所提供的教程网站。

"Mirror"（镜像）：与前文中所介绍的移动端Figma App的功能相似，使用该功能，配合iOS端的Principle Mirror App，可以在手机上预览制作好的交互原型。

（3）左侧边栏

"对齐"功能，分别为水平分布、垂直分布、左对齐、垂直居中对齐、右对齐、顶对齐、水平居中对齐和底对齐。

对象的"X、Y坐标"及"长、宽值"。在"长、宽值"的中间有一个"锁"的符号，点击锁定后，缩放对象时将固定长宽比例进行缩放。"长、宽值"的下方是"旋转角度"及"缩放倍数"属性。

在"填充"属性处可以修改"Fill"（填充色）、"填充不透明度"，也可以修改"填充类型"。在"描边"属性处可以修改"Border"（描边粗细）。"描边"的右侧是"圆角半径"属性。在它们下方的"Shadow"（阴影）属性处可以调整阴影的颜色、填充不透明度、模糊半径及横纵偏移值。

"Clip Sublayers"（裁剪子图层）：一般用于"组"级别的对象。勾选后，即可将"组"转变为组内子图层的剪切蒙版。

"Touchable"（可触摸）属性，勾选后即可使目标对象处于可被触摸操作的状态。

"Horizontal"（水平）及"Vertical"（垂直）菜单，下拉后可以看到，除了默认的"Static"（静态）状态外，还有"Drag"（拖拽）、"Scroll（滚动）""Page"（翻页）。其中"翻页"和"滚动"的区别在于，作"滚动"操作时可使内容停留在任意位置，而作"翻页"操作时则是使内容以屏幕为单位进行滚动。（图3.225）

"Show Preview"（显示预览）：点击后会弹出一个窗口（图3.226），可以在此处预览制作好的交互效果。在该窗口的右上角还有一个"摄像机"按钮，用于录制演示视频，点击后"摄像机"图标开始闪动，代表着视频已经开始录制了。再次点击"摄像机"按钮后，将会结束录制，自动进入到"导出"面板，在"导出"面板中（图3.227）。设计者可以自主选择导出的文件格式、光标类型、尺寸及帧率。

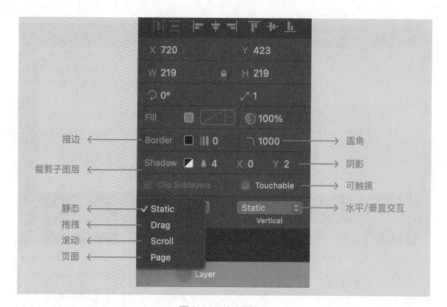

图3.225 左侧边栏

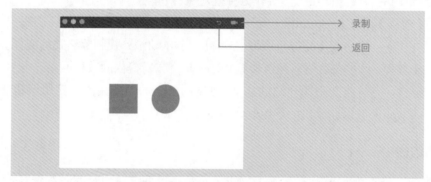

图3.226 "预览"窗口

图3.227 "视频导出"面板

3.2.2 Principle的动效原理

（1）补间动画与关键帧

Principle动效的基本原理是补间动画，也就是在两个静态的关键帧之间，由计算机自动运算生成一段过渡动画。例如：

新建一个Principle的空白文件，在画布中创建一个任意尺寸的圆形，然后选中该圆形，在对齐功能处点击"水平居中"与"垂直居中"按钮。

点击该圆形右侧出现的"闪电"按钮，选择交互方式为"Tap"（点击），然后选中该圆形所在的"Artboard"（画板）。此时，将自动为该画板创建一个副本，这个副本代表着用户点击圆形后的

界面状态。（图3.228）

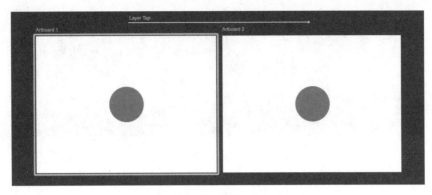

图3.228 创建关键帧

选中画板副本中的圆形，在左侧面板中增加它的"宽度值"。在默认状态下，该图形的长宽比例会受到约束，因此当"宽度值"发生改变时，它的"长度值"也会产生相应的变化。修改好参数后，再次点击"水平居中对齐"及"垂直居中对齐"按钮。（图3.229）

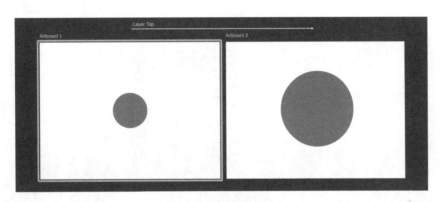

图3.229 创建补间动画

选中初始画板，在"预览"窗口中点击刚才所创建的圆形，可以看到它的大小发生了变化。这是一种非常平滑的过渡式的变化，也就是上文中所说的补间动画，而设计者所创建的两个圆形及其所属画板，就是生成补间动画所必不可少的要素——关键帧。

在Principle中制作补间动画时，需要保持两个关键帧中动画对象的图层名称一致，否则计算机将无法进行识别。以刚才的圆形为例，假设初始画板中的圆形图层名称为"圆形1"，那么画板副本中相应的圆形图层名称也应为"圆形1"。

（2）动画时长与动画曲线

单击"交互事件"连线，进入"动画"面板。在"动画"面板中，可以对补间动画的时长和曲线进行编辑。可以看到，"动画"面板的左侧分别是"Width"（宽度）、"Height"（高度）、"Center X/Y"（中心点的X/Y坐标）以及"Radius"（圆角半径）。

以"高度"属性为例，点击它右侧的"蓝条"，可以看到"蓝条"的两侧出现了两个菱形端点，这两个端点所代表的就是关键帧。"蓝条"的长度代表着补间动画的时长，选中其中一侧的端点并进行拖拽，即可调整动画的时长。（图3.230）

当设计者点击"蓝条"时，它的上方还会弹出一个对话框，即"动画曲线"面板。该面板中有"Default"（默认）、"Ease In"（缓入）、"Ease Out"（缓出）、"Ease Both"（缓入缓出）、"Spring"（弹性）、"Linear"（直线）以及 "None"（无动画）7个选项。

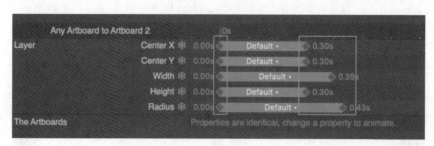

图3.230 动画时长

　　"默认"曲线是一种简单而平稳的过渡曲线；"缓入"和"缓出"，顾名思义是使动画的开始或结束速度由慢到快的变化曲线；"缓入缓出"则是在开始及结束时放缓速度；"弹性"曲线模拟了弹簧的变化效果，它的变化由Tension（张力）和Friction（摩擦力）属性控制，摩擦力的值越小，动画就越有"弹性"，张力的值越大，动画结束的速度也越快；"直线"动画的效果较差，谨慎使用。（图3.231）

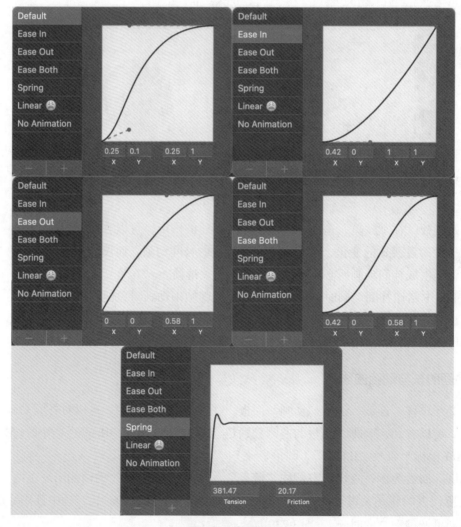

图3.231 动画曲线

3.2.3 从Figma中导入文件

在Figma、Sketch、XD等软件中制作好设计稿后，就可以导入到Principle中进行交互原型的设计和制作了。接下来，将为大家重点讲解从Figma中将文件导入Principle的操作步骤：

① 打开Figma设计文件。选中需要进行导入的框架。打开Principle软件，在上方工具栏中找到"Import"（导入）按钮并点击。

② 确认导入内容。软件的操作界面中将会弹出"导入"窗口。设计者需要核对"Document"（文件）名称，确认无误后，选择"Import Selected Artboards"（导入选中的帧），即可进行导入。

③ 放大倍数。在Figma中作图时，设计者往往会使用1倍图尺寸进行制作，但由于设计稿被导入到Principle中后，将会自动转变为位图文件，可能会出现模糊、锯齿等问题。因此，在进行导入时，设计者通常需要放大导入文件的倍数。

此外，如果需要导入整个Figma页面，只需点击导入面板中的"Import Page"（导入页面）按钮即可。（图3.232）

图3.232 导入

3.2.4 交互与事件

（1）交互

在Principle中，有三种常见的交互形式："Drag"（拖拽）、"Scroll"（滚动）、"Page"（页面），并且可以独立作用于"水平"和"垂直"方向。（图3.233）

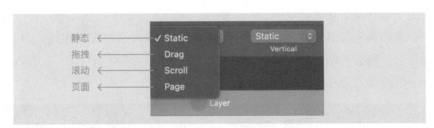

图3.233 交互

"拖拽"。选中需要拖拽的对象图层（或编组）并进行设置后，可以使对应图层变为触摸时可随手指拖动的轨迹而进行移动的状态。

"滚动"。可以作用于图层组上，当手指在滚动图层组上进行拖动时，组内所包含的子图层将会随之移动，但它们的相对位置保持不变。选用"滚动"交互方式时，最好勾选"Clip Sublayers"（裁剪子图层）选项，以确保子图层滚动到组的范围之外后，可以被自动隐藏。

"页面"。该交互方式与滚动非常相似，同样可以作用于图层组上。但相比而言，"滚动"可以使图层滚动到任意位置，而选择"页面"选项时，则更类似于翻页的效果，子图层只能以页面为单位进行滚动，而页面的大小则由图层组的大小决定。

将交互方式设置为除"Static"（静态）外的其他选项时，图层的"Touchable"（可触摸）属性也会被自动勾选。

（2）事件

事件，也就是触发动效的条件，当设计者选中画布中的任意一个对象时，它的右侧将会出现一个闪电形的图标，这就是"事件"按钮。点击后，可以看到弹出的选项卡，其中包含了"Tap"（点击）、"Long Press"（长按）、"Scroll Released"（滚动释放）、"Drag Begins"（拖拽开始）、"Touch Be-gins"（触摸开始）、"Hover Inside"（鼠标移入）、"Auto"（自动）等12个选项。（图3.234）

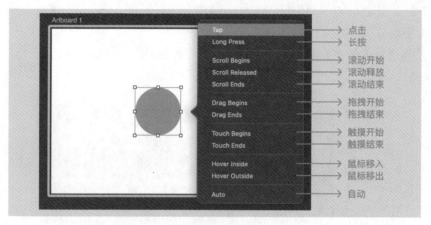

图3.234 事件

接下来为大家讲解几种常见的交互事件应用方式。"点击"事件通常用于按钮图层上，伴随而来的多为界面层级上所发生的变化，如弹窗、跳转界面等；"滚动释放"，适用于滚动和页面的交互形式，如果所选中的图层并未设置任何水平或垂直方向的滚动或页面交互形式，在选用该事件后，它的水平和垂直属性都将被自动设置为"滚动"；"触摸开始"则常用在按钮被按下时会发生状态变化的场景，如按下后按钮高亮显示等；"鼠标移入"，通常用于借助鼠标进行人机交互的场景，可以模拟鼠标悬停于按钮上方时按钮的状态变化等；"自动"则是一种自动触发式的事件，不需要用户进行交互，通常应用于循环式的动效或动画。

选择事件后，将箭头连接到需要进行过渡变化的画板，即可添加交互连线。而如果将箭头指向先前所选定的画板上，则会自动创建该画板的副本，并添加交互连线。

这样一来，一个简单的交互事件就创建完成了。（图3.235）

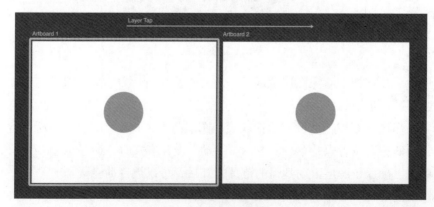

图3.235 创建交互连线

3.2.5 让按钮变得生动

按钮，是UI设计中不可或缺的部分。精美的按钮动效可以区分按钮的交互状态、增添画面的丰富性与生动性，带来更好的用户体验。接下来，通过两个练习了解按钮动效的基本制作方法。

Principle练习一：图标微动效

这个动效比较简单，主要涉及位置、倾斜角度、色彩的变化以及图层的删减。

步骤1：创建静态图

① 创建基本形状。新建一个空白的Principle文档，在空白画板上创建一个圆形，使用对齐工具将它移动到画板的中心位置，并修改它的颜色为蓝色。然后，在相同的画板上创建一个圆角矩形，修改它的颜色为白色。再复制两个副本，使用"对齐"工具让三个矩形垂直均匀分布，并且左对齐，形成一个常见的汉堡菜单的图标样式。（图3.236）

② 制作变化后的按钮。选中画板并点击右侧出现的"闪电"图标，选择触发事件"点击"，然后再次点击该画板，创建一个副本。在副本中，将圆形的填充颜色修改为红色，然后删去最下方的圆角矩形，通过旋转和移动，将剩余两个圆角矩形的倾斜角度及坐标位置修改到如下图所示的位置，形成一个"×"符号。（图3.237）

图3.236 绘制按钮1　　　　　图3.237 绘制按钮2

步骤2：设置交互事件

选中副本画板，点击右侧的"闪电"图标，将触发事件设置为"点击"，然后点击初始画板进行交互连线。如此一来，按钮的返回动效也制作好了，设计者可以在"预览"窗口中查看刚才所编辑的动效。

Principle练习二：Tab栏标签切换

在上一个练习中已经对Principle的基本操作与动画原理进行了巩固，接下来将通过制作一个Tab栏的按钮标签切换动效，来进一步地加深对上述知识的了解。

步骤1：前期准备

① 导入设计稿。新建一个Principle的空白文档，打开"素材文档"，在页面"3 软件详解"中

找到"Principle练习二"中的"Frame 1"和"Frame 2"，并将它们导入到Principle中。这是Tab栏的初始状态，也就是"首页"标签按钮被选中时的状态。（图3.238）

图3.238 导入设计稿

② 分析范例。设计者需要制作的是选中"书架"标签时的切换动效，当标签进行状态切换时，"首页"标签按钮的橙色渐变的装饰矩形沿着右上至左下的路径消失，随后是文本下移消失、图标下移并变色；而"书架"标签按钮的变化方式则与之相反。（图3.239）

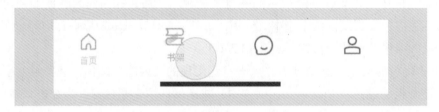

图3.239 范例

步骤2：制作交互动效

① 修改图层属性。在"Frame 2"中找到选中状态的"书架"标签，按【Cmd + D】键将其原位复制到"Frame 1"上，并将除"装饰"图层之外的其余图层不透明度统一修改为"0%"。对于"书架"和"首页"标签的"装饰"图层，设计者需要在它们的基础上创建一个组，然后勾选组的"裁剪子图层"选项。选中"书架"标签的"装饰"图层组，将它的宽度从右至左缩短到完全无法看见组内任何内容的状态。（图3.240）

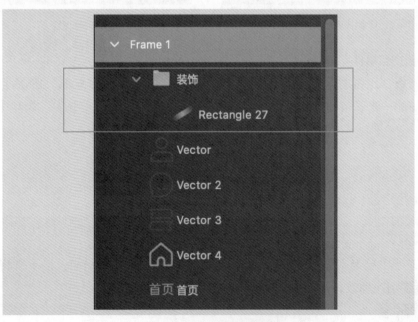

图3.240 修改图层属性

② 制作动效。选中"书架"图标，创建触发事件"点击"，并连线到画板"Frame 1"处，创建副本画板"Frame 3"。在副本中，上移"书架"图标至与选中态的"首页"图标齐平的位置，调整它的不透明度为0%。同时，将原先被隐藏起来的与选中态"书架"标签相关的所有图层的不透明度修改为100%，并将"装饰"图层的尺寸恢复到缩短前的状态，使橙色渐变矩形完全显现出来。回到画板"Frame 1"中，选择被隐藏起来的选中态"书架"标签样式，将它们的位置下移，直到橙色的"书架"图标与黑色的"书架"图标重合。进行该操作时，为方便对比，可以暂时将这些图层的不透明度调高。（图3.241）

图3.241 制作动效

③ 调整动画属性。选中交互连线，打开"动画"面板，调整动效发生的先后顺序，将需要延后播放的动效所对应的蓝条位置向后拖动即可，蓝条左侧端点所对应的时间轴位置即为该动效的起始时间，大家可以根据实际情况自行调整，以达到最佳效果。（图3.242）

图3.242 修改动画时间

④ 制作"返回"动效。"返回"动效其实就是选中的标签由"书架"再次变回"首页"的过程，这里不对此再作赘述。大家可以依据刚才的教学内容，举一反三，或在教学视频中查看具体步骤，也可以自行制作，以检测自己是否真正掌握了本次练习中的知识。

3.2.6 制作一个有趣的Loading界面

Loading动画即加载动画，在加载、读取数据时显示于界面中，表示加载状态，包含了全屏loading和局部loading两种形式。

全屏loading，往往用于加载时长较长的场景，此时往往需要用户花费一定的时间进行等待，而有趣的动效可以减弱他们等待时的焦虑感，改善用户体验。市面上的许多App会以品牌的IP形象或是某些品牌要素为主体进行loading动画的设计，这也是UI设计中情感化设计的一种。由于Principle软件特性的限制，在制作全屏loading动画等较为丰富、复杂的动画时，推荐使用AE（Adobe After Effects）。

局部loading，用于一些等待时长较短的加载场景。与全屏loading相比，局部loading效果一般更为简单，用Principle进行制作即可。

接下来将通过一个实操练习来了解如何制作简单的局部loading动画。

Principle 练习三：局部 loading 动画

步骤1：导入文件

导入素材。新建一个 Principle 文档，打开"素材文档"，在页面"3 软件详解"中找到"Principle 练习三"中的框架"设计稿"，并将其导入到 Principle 中。

步骤2：制作交互动效

① 裁剪图层。选中"白色圆环"，打上编组，勾选"裁剪子图层"选项，并缩小图层组的尺寸，将图形裁剪为 1 / 4 圆环形状。（图 3.243）

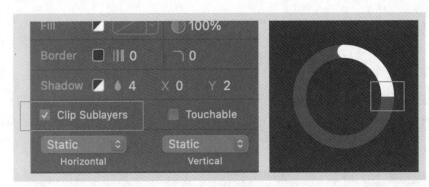

图 3.243 裁剪子图层

② 制作圆环端点。选中"白色小圆"，复制一个副本，将它们对齐至"1/4 白色圆环"的上下两端。同时选中两个"小圆"和"1/4 圆环"，将它们编组，并按【Cmd + D】复制一个副本。（图 3.244）

③ 制作旋转动效。选中该画板添加触发事件"自动"，连接到画板本身，创建一个副本。选中刚才编好的图层组，将旋转角度修改为 360°，同时对该图层组的副本也进行相同的设置。设置好后，点击交互连线，打开动画面板，将图层组副本对应的蓝条向后拖拽，错开两个实心圆环的旋转动效开始时间，形成拖尾效果。选中右侧画板，画出交互连线并指向其本身，创建该画板的副本。在这个新建的副本中，选中小圆盒实心圆环所在的图层组和该图层组的副本，将它们的旋转角度修改为 720°。（图 3.245）

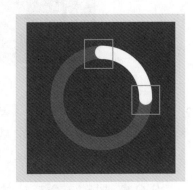

图 3.244 绘制两侧端点

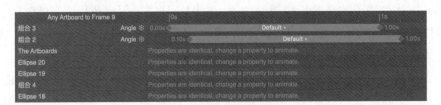

图 3.245 修改动画时间

④ 丰富细节。重复刚才的步骤，打开这个交互事件的动画面板，错开两个圆环的动效开始时间。最后，同时选中它们所对应的蓝条，将它们统一向后拖拽部分距离，使实心圆环的两次旋转间产生短暂的停顿。（图 3.246）

Any Artboard to Frame 10		0s		1s
组合 3	Angle ❄	0.10s	Default ▸	1.00s
组合 2	Angle ❄	0.20s	Default ▸	1.00s
The Artboards		Properties are identical, change a property to animate.		
Ellipse 20		Properties are identical, change a property to animate.		
Ellipse 19		Properties are identical, change a property to animate.		
组合 4		Properties are identical, change a property to animate.		
Ellipse 18		Properties are identical, change a property to animate.		

图 3.246 丰富细节

3.2.7 滑动与转场

滑动与转场动效也是UI设计中的常见动效，掌握制作这类动效的方法，能够为你的设计作品锦上添花。接下来通过两个简单的练习来了解它们的基本制作方法。

Principle练习四：视差滑动

视差滑动，就是在进行一组内容的滑动时，错开各个独立内容的滑动开始时间。仔细观察范例，当设计者向右拖拽中间的卡片时，卡片中的图片会反向位移一小段距离，随后，其他的卡片也会进行位移，并且这些卡片位移的速度并不相同，形成了微小的视差，从而丰富动效的层次感。

学习制作该动效式后，相信大家也会对Principle的"联动"功能有更进一步的了解。

步骤1：准备静态稿

① 导入素材。新建空白的Principle文档，打开"文件"菜单，找到"导入音频、视频或图像"选项，在画板中导入四张自己喜欢的图片，用于本次练习。（图3.247）

图 3.247 图片排版

② 调整内容。导入完毕后，将画板的尺寸修改为461×666px。同时，选择其中的一张图片，打上编组，并将图层组的尺寸修改为234×382px，并将圆角半径调整为8px，其他的图片也需要进行同样的处理。最后，将中间的图层组对齐到画布中心，并使其他三个图层组与它水平对齐并均匀分布。

③ 制作右移效果。选中中间的图层组，设置触发事件为"拖拽结束"，并再次选择它所在的画

板，创建一个副本。在副本中，向右移动所有图层组，模拟卡片滑动的效果。（图3.248）

图3.248 右移图片

步骤2：设置联动效果

① 设置"主动"属性。回到画板1，打开联动面板。面板最上方的"组合 中心X（Center X）"代表着本次联动中的"主动"属性，而之后将会出现在它下方列表中的其他内容则为"联动"属性。时间轴上的数字所代表的是"主动"属性的参数。以本练习为例，"中心X"为231px指的是中间卡片的"中心点的X坐标"为231px。

② 计算坐标。属性面板中所显示的"X坐标"是图层左侧边的X轴位置，计算联动数值时，需要以图层或组的"中心点X"坐标为准。具体算法是：将目标图层的"宽度（W）值"除以2，再加上属性面板中的"X坐标"。如"中心X"的231px就是由"234（W值）/2+114（X值）"计算而来的。（图3.249）

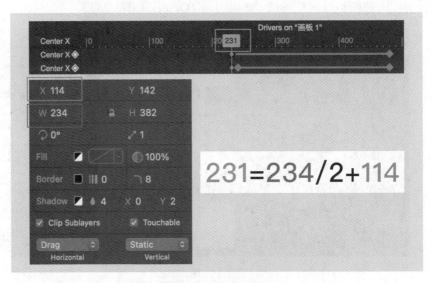

图3.249 计算联动坐标

③ 添加"联动"属性。——为面板中列出的图层或图层组添加变化属性"中心X"。这代表着当"组合"在X轴上位移时，列表中的其他图层或图层组也将会随之在X轴上进行位移。（图3.250）

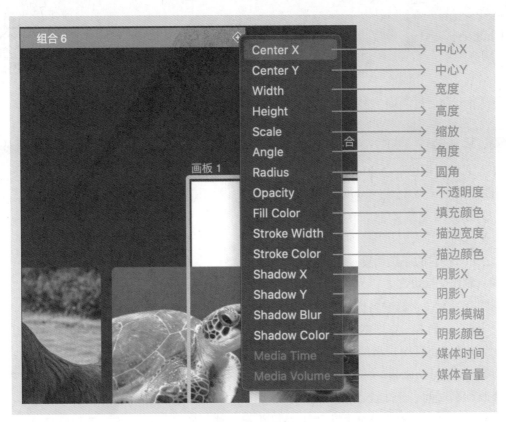

图3.250 联动属性

④ 调整联动效果。左右拖动时间轴上的指针，可以看到中间的卡片在左右移动。向右拖动指针，使它停留在中间卡片与下一张卡片重叠的时间点。随后，对照着"画板2"中的X坐标数值，依次修改列表中其它卡片所在的图层组的X坐标，使它们的位置与"画板2"中的位置保持一致。此时，"联动"面板中也将自动出现对应的关键帧。

步骤3：制作视差效果

① 修改"卡片"图层动画时间。选中"联动"面板中其他卡片所在的图层组，即卡片1、卡片2和卡片4，同时，将时间轴指针向右拖动一小段距离，并修改它们的X坐标，使其与位移起始点的X坐标一致，也就是使它们在联动的一开始不发生位移。

② 修改"图层"图层动画时间。选中所有的"图片"图层，重复刚才的步骤，使它们的联动动效开始时间也略微延后。

③ 微调。可以再次对刚才打上的这些关键帧进行左右微调，使这些联动元素的位移开始时间也略微错开，更进一步地丰富动效的层次感。（图3.251）

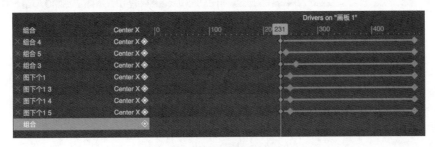

图3.251 "联动"面板

Principle 练习五：形状转场

形状转场，即通过画面中形状的变化来使得转场动画更加生动自然，是一种简单而实用的转场方式。

步骤1：导入文件

① 导入素材。新建一个Principle文档，打开"素材文档"，在页面"3 软件详解"中找到"Principle练习五"中的"设计稿"，并将其导入到Principle中。

② 调整内容。导入完毕后，回到Principle，选中"下一步"按钮所在的图层组，将它的不透明度设置为0%。

步骤2：制作交互动效

① 创建交互连线。选中画板，创建触发事件"自动"，并指向画板自身，创建一个副本。在副本画板中，上移"插画"图层和"按钮"图层组，修改"按钮"图层组的不透明度为100%并放大"形状"图层，使其完全覆盖整个画板。（图3.252）

② 修改动画时间。选中交互连线，调出"动画"面板，将按钮图层组所对应的两个动画蓝条向后拖动一小段距离，使插图和按钮的位移之间产生时差。这样一来，简单的形状转场动效就制作完成了。（图3.253）

图3.252 制作动效

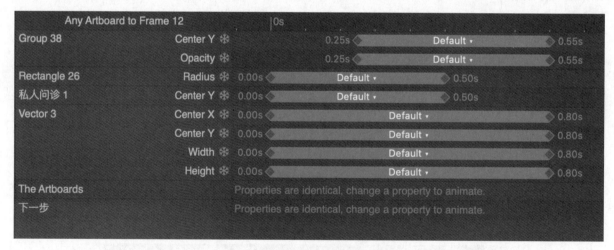

图3.253 修改动画时间

3.2.8 Principle 常用快捷键

（1）文件

	功能	快捷键
	新建文件	cmd+N
文件	复制文件副本	cmd+shift+S
	打开文件	cmd+O
	存储	cmd+S

图3.254 "文件"功能快捷键

（2）编辑

	功能	快捷键
	撤销	cmd+Z
	重做	cmd+shift+Z
	复制	cmd+C
	粘贴	cmd+V
	剪切	cmd+X
编辑	导出	cmd+shift+E
	全选	cmd+A
	复制副本	cmd+D
	原位复制粘贴	opt+鼠标拖动
	取消选择	esC
	等比例缩放	shift+鼠标拖动
	吸取颜色	control+C

图3.255 "编辑"功能快捷键

（3）基础工具

	功能	快捷键
	矩形	R
基础	圆	O
工具	圆角矩形	U
	文本	T
	画板	A

图3.256 "基础工具"功能快捷键

（4）图层

功能	快捷键
切换可见性	cmd+shift+H
锁定图层	cmd+shift+L
水平均分	control+cmd+H
垂直均分	control+cmd+V
编组	cmd+G
取消编组	cmd+shift+G
置于顶层	cmd+shift+[
前移一层	cmd+]
置于底层	cmd+shift+[
后移一层	cmd+[
旋转	cmd+拖动手柄
重命名图层	cmd+R

图3.257 "图层"功能快捷键

（5）视图

功能	快捷键
缩放画布	cmd+鼠标滚轮
放大视图	cmd++
缩小视图	cmd+-
缩放画布以适应窗口	cmd+1
缩放选中区域	cmd+2
选中区域居中显示	cmd+3
重置预览	W
录制预览视频	control+V
显示/隐藏联动	cmd+8
显示/隐藏动画	cmd+9

图3.258 "视图"功能快捷键

（6）窗口

功能	快捷键
显示/隐藏工具栏	cmd+option+T
最小化窗口	cmd+M
显示所有标签页	cmd+shift+

图3.259 "窗口"功能快捷键

4 交互设计实战训练

● **本章知识点**

FP

交互
流程

绘制线框图

前期
调研

经过了前期理论指导和软件操作练习，现就可以真枪实弹地来做一个设计方案了。本章将讲解一个完整的交互设计项目。只有实战训练才能让设计师获得高速的成长。

确定界面风格

4.1 前期调研

4.1.1 市场调研

设计开始前，设计者必须先决定产品的定位以及设计的方向，这就需要设计者开展全面的调研工作。首先搜索近期的社会热点，把握整个市场的重心在哪里，从而找到具有强需求的赛道。

比如，经过新闻、社交媒体、网络见闻等多渠道的信息收集，设计者可以发现，近年我国一直在提倡适老化改造。这主要是因为随着医疗技术的不断提高和生活水平的不断改善，人口老龄化已经成为全球普遍的现象。老年人口增加，适老化改造就变得尤为重要。一方面通过满足老年人特殊的需求，可以进一步提高老年人的生活品质。另一方面，适老化改造作为一个朝阳产业，也为国家带来了新的经济增长点。适老化产品、设备和服务的需求上升，能够助推相关产业的持续发展，从而促进就业和经济的增长。

我国在适老化改造方面采取的一系列政策和措施都在引导市场关注老年群体的特殊需求，而且市场也在积极地响应国家号召，以满足老年用户需求为核心导向，推出了各类适老化产品和服务。

2023年7月19日，工信部新闻发言人在国新办发布会上表示，工业和信息化部深入推进信息无障碍建设，指导1735家主流常用网站和手机App完成适老化改造。老年人已经成为应用市场不可忽视的用户群体，据调查结果显示，超过90%的老年人在日常生活中会使用智能手机。而早在2020年底，工信部就已经发布了专项方案，计划在全国范围开展为期一年的"互联网应用适老化及无障碍改造专项行动"。截至2024年1月22日，已经有2577个老年人常用的网站和手机App完成改造，优化升级了符合老年人使用习惯的特色功能，完善了数字化赋能手段。

不难看出，手机应用的适老化是当今的社会热点，而且目前市场还处于全面适老化转型的初级阶段，在解决老年用户痛点、优化老年用户体验的这条路上还有很大的发挥空间。因此设计者可以将目光聚焦在适老化赛道，在这里寻找能够把握的机会。

4.1.2 用户调研

通过上述的市场调研以及对时下热点的分析，设计者现在可以确定，老年人就是设计者的目标用户。那么，老年人对这款产品有着什么样的需求？这个问题的答案目前是未知的。如果设计者本身并不处在这个年龄阶段，那就谈不上完全地了解老年用户。设计者该如何按照老年人的习惯和喜好去为老年用户量身定制一款适老化的内容平台呢？

用户调研是设想与实践之间最直接也是最不可或缺的桥梁。接下来可以使用比较常见的问卷调研法和焦点小组访谈法完成这次用户调研。

（1）线下问卷调研

首先，设计者需要先进行一次小型调研，来决定整个产品的大方向。设计者前往大型生鲜超市、菜市场、商场、小学门口、小区门口五个场所（老年人出入较为频繁），进行一次简单的街访，也称街头拦截问卷调研。设计者为回答问题的老年人准备了独立包装的口罩作为奖品，同时它也是吸引调研对象参与调研的激励方式。

本次街访的研究目的非常明确，就是设计者要确定制作的适老化产品的类型，然后才能针对该类型的产品以及用户使用此类产品时的习惯和需求进行更加深入的调研。

在街访中，设计者只为调研对象设置了一个简单的问题：您平时在手机上最常用的五个软件是什么？为了防止老年群体对"App"这个词感到陌生，设计者使用了"软件"这种说法，并列举了几个例子：是微信、支付宝，还是抖音？当调研对象难以回答更多的软件应用时，设计者会提议调研对象打开手机或者使用设计者的手机进行查看，直接对着手机界面进行回顾和筛选，因为比起开放性问题，调研对象往往更喜欢做选择题。本次线下调研目的内容如下：

> 研究目的：确定适老化产品类型
> 调研对象：随机一位老年人
> 街访问题：您平时在手机上最常用的五个软件是什么？

最终，设计者在大型生鲜超市成功采访了14位老年人，在菜市场成功采访了16位老年人，在商场成功采访了4位老年人，在小学门口成功采访了10位老年人，在小区门口成功采访了6位老年人。样本总量为50个。

在访谈过程中，设计者将调研对象的回答一一记录于手机备忘录中，现在设计者需要将这些回答分类整理，然后进行数据分析。设计者将"微信""QQ"等回答归类在社交类产品中，将"支付宝"以及各个手机银行归类在金融类产品中，将"今日头条""腾讯新闻"等新闻媒体以及"抖音""喜马拉雅"等非新闻媒体归类在内容类产品中，将"滴滴出行""享道出行""Metro大都会"等归类在交通类产品中，将"携程""同程""去哪儿"等回答归类在旅游类产品中。

结果显示，回答中包含社交类产品的人数高达94%，这符合设计者的预期，大多数调研对象都使用微信作为主要的日常通讯工具。回答中包含金融类产品的人数也高达86%，这是支付便利化的表现。许多调研对象提到，支付宝让他们在买菜时不用再翻找零钱，而手机银行能够让他们足不出户就查询退休金是否到账。回答中包含内容平台的人达到了74%。有一位调研对象提到，她每天就等着干完活以后靠在沙发上刷今日头条和抖音，不用出门就可以看到外面的花花世界，不用看报纸就能知道最近有什么大事件，她感叹科技的发达，并且为此感到愉悦。

可以预想到，在生活中通讯和支付的需求往往是更优先、更紧急的，因此诸如微信和支付宝等渗透人们生活的产品必然会在使用频率上占据前列。然而这类产品的官方性和市占率是无法轻易被新产品所挑战的，设计者希望创新一款App完成适老化设计，让老年人能像年轻人一样轻松地使用自己喜欢的产品，在互联网提供的便利之下畅游，不再因为一些UI方面的属性（如文字大小、界面布局、操作难度等）而对某类产品望而却步。因此设计者将目标定位在了第三名的内容类产品上，决定制作一款适老化内容类App。

（2）线上、线下问卷调研

设计者已经确定了这款产品的大方向，为收集老年群体在使用内容平台时的需求，设计者制定了更加详细的调研问卷，分别在线上和线下进行发放。在线上，设计者选择了微信群、QQ兴趣社群等私域渠道以及专业的问卷调查平台进行发放。在线下，设计者选择在老年社区中心进行发放，并在此过程中帮助老年用户操作设备，以读取屏幕使用时间等信息，为老年人解释问题和选项的含义，并记录老年人的回答和选择。

这份问卷不应过于复杂，因此设计了8个较为核心的问题，并尽量设想老年用户可能做出的回答，从而为他们列举更多的可选项，减少开放性的问题。

适老化内容类 App 调研问卷

第1题：您对内容产品（如今日头条、抖音、喜马拉雅、微信读书等）的日均使用时长是？

    A. 每天使用 5 小时以上   B. 每天使用 4～5 小时   C. 每天使用 2～3 小时

    D. 每天使用 0～1 小时   E. 从未使用过内容平台

第2题：您对娱乐内容有哪些需求？［多选］

    A. 新闻类   B. 视频类   C. 阅读类   D. 戏曲类

    E. 广播类   F. 音乐类   G. 其他（请填写：＿＿＿＿＿＿）

第3题：您对这款产品的功能有哪些需求？［多选］

    A. 分享给朋友   B. 语音搜索   C. 每日任务领福利   D. 历史浏览

    E. 后台播放   F. 点赞收藏   G. 其他（请填写：＿＿＿＿＿＿）

第4题：您对这款产品的界面有哪些需求？［多选］

    A. 操作简单   B. 布局直观   C. 字体大   D. 图片多

    E. 色彩丰富   F. 交互流畅   G. 其他（请填写：＿＿＿＿＿＿）

第5题：在使用这类内容产品（如今日头条、抖音、喜马拉雅、微信读书等）时，您遇到过哪些困难？［多选］

    A. 对界面上的功能感到困惑   B. 持续阅读屏幕时感到眼部不适

    C. 字太小，根本看不清   D. 内容太多，我只想看我感兴趣的

    E. 不太会打字，在搜索时感到困难   F. 找不到上次看到一半的内容了

    G. 其他（请填写：＿＿＿＿＿＿）

第6题：您是否期待一款更加适合老年人使用的内容产品？

    A. 完全不期待   B. 不太期待   C. 一般

    D. 比较期待   E. 非常期待

第7题：AI 语音点播助手（如 Siri、小爱等）可以帮您快速找到您想看的内容，您是否愿意尝试这个功能？

    A. 完全不愿意   B. 不太愿意   C. 一般

    D. 比较愿意   E. 非常愿意

第8题：您是否愿意接受下一次访谈？

    A. 是（请填写联系方式：＿＿＿＿＿＿）   B. 否

调研问卷统计结果（样本总量：1000 个）

第1题：老年人对内容平台的日均使用时长

    14.2% 用户每天使用 5 小时以上   18.1% 用户每天使用 4～5 小时

    26.5% 用户每天使用 2～3 小时   38.6% 用户每天使用 0～1 小时

    2.6% 用户从未使用过内容平台

第2题：老年人对娱乐内容的需求［多选］

52.8%选择了"新闻类"　　　　　　49.4%选择了"视频类"

36.4%选择了"阅读类"　　　　　　18.7%选择了"戏曲类"

14.6%选择了"广播类"　　　　　　4.2%选择了"音乐类"

2.8%选择了"其他"

第3题：老年人对功能的需求［多选］

58.2%选择了"分享给朋友"　　　　42.3%选择了"语音搜索"

32.9%选择了"每日任务领福利"　　25.4%选择了"历史浏览"

20.2%选择了"后台播放"　　　　　18.5%选择了"点赞收藏"

3.2%选择了"其他"

第4题：老年人对界面的需求［多选］

86.2%选择了"操作简单"　　　　　72.3%选择了"布局直观"

62.5%选择了"字体大"　　　　　　38.2%选择了"图片多"

17.1%选择了"色彩丰富"　　　　　13.2%选择了"交互流畅"

0%选择了"其他"

第5题：老年人使用内容产品时的困难［多选］

42.8%选择了"对界面上的功能感到困惑"

64.1%选择了"持续阅读屏幕时感到眼部不适"

78.2%选择了"字太小，根本看不清"

52.8%选择了"内容太多，我只想看我感兴趣的"

67.3%选择了"不太会打字，在搜索时感到困难"

23.5%选择了"找不到上次看到一半的内容了"

1.2%选择了"其他"

第6题：对适老化内容产品的期待值

0%选择了"完全不期待"　　　　　0%选择了"不太期待"

20.7%选择了"一般"　　　　　　　29.1%选择了"比较期待"

50.2%选择了"非常期待"

第7题：对AI语音点播功能的使用意愿

2.4%选择了"完全不愿意"　　　　6.2%选择了"不太愿意"

18.1%选择了"一般"　　　　　　　42.7%选择了"比较愿意"

30.6%选择了"非常愿意"

第8题：对下一次访谈的接受意愿

0.5%选择了"是"

（3）焦点小组访谈

在上面的问卷调研中，共有5位调研对象填写了联系方式，设计者组织了一次基于微信群语音的小型焦点小组访谈，对他们使用内容产品时的习惯、对每个功能的理解、对娱乐内容的偏好等进行了询问。其中一位受访者提到，她所使用的手机屏幕非常大，当她想点右上角的分享时，觉得位置太高了，不方便点。另一位受访者提到，他觉得现在手机上的这些东西布局太乱太复杂了，他很难找到自己想找的东西。受访者提到的这些细节，设计者都进行了记录，在设计时需要对这些需求点加以考虑。哪些是真需求？哪些是伪需求？哪些是可以实现的？哪些则可以使用其他的方案来解决问题？并不是用户提出的每一个需求设计者都必须盲目遵从，而是要通过自己的合理判断去最大幅度地提升大部分用户的使用体验。

4.1.3 用户画像

根据上面的调研结果，设计者可以构想出这样一位用户的形象：

王太太在二线城市生活，她的退休金充足，并且对时事密切关注。在退休后，王太太过着清闲的生活，做完家务就爱捧着手机，平均每天都会上网3个小时左右，主要集中在下午干完家务活休息的时候。她在阅读屏幕时需要戴一副老花镜，手机上的字太小了，她常常看得眼睛累，看一会儿就需要休息一下。对她来说，使用内容类产品时最大的困难就是界面布局太复杂，经常看不懂下一步该怎么操作，她希望这些App的界面能更加简单一点儿、直观一点儿，这样她就不会那么头疼了。她对内容消费的偏好程度是新闻类>视频类>阅读类>戏曲类>广播类。

既然设计者已经拥有了一位假想用户，那么就可以制作出她的用户画像。（图4.1）

在头像部分，设计者可以使用AIGC工具进行快速的绘制，它只需为设计者提供一个正确的形象，概括出用户的特点即可，没有必要在头像上花费过多时间。

设计者用文字描述出王太太的名字、年龄、身份以及特点，可以用带颜色的矩形来制作几个印象标签，突出王太太的特征：二线城市、退休金充足、关心时事。

设计者列出王太太的2个主要痛点，并对她的内容消费偏好进行可视化的呈现。设计者可以从调研结果中参考数值，来量化王太太对不同娱乐内容的偏好程度。

如此一来，用户画像便完成了。

图4.1 用户画像

4.1.4 竞品分析

竞品分析可以帮助设计者快速找到对标的产品进行参考，可以取其长补其短。由于它们大部分都已经通过了市场的筛选，它们之中相似的部分在一定程度上可以反映用户心智状况，所以设计者可以通过这些产品快速地了解市场现状以及用户使用此类产品时的习惯和喜好。

比如上述的设计一款适老化内容产品，而此类产品目前在市场上并不多见，那么设计者可以将想要寻找的目标竞品分为两个方向：内容产品和适老化产品。设计者可以通过多种渠道来收集竞品截图，也可以自己下载App进行体验。

（1）内容产品

抖音（短视频类）　　　　　　今日头条（新闻、短视频类）

图4.2 "抖音" App界面截图

图4.3 "今日头条" App界面截图

喜马拉雅（听书、戏曲、广播类）　　　　　　　　小宇宙（播客类）

图4.4 "喜马拉雅" App界面截图

图4.5 "小宇宙" App界面截图

（2）适老化产品

喜马拉雅长辈模式（听书、戏曲、广播类）　　　　　**腾讯新闻关怀版（新闻、视频类）**

图4.6 "喜马拉雅长辈模式" App 界面截图

图4.7 "腾讯新闻关怀版" App 界面截图

百度关怀版（新闻、视频类）

图4.8 "百度关怀版" App界面截图

4.1.5 产品定位

梳理完毕所有的调研结果后，设计者需要总结出产品的定位，作为设计过程中的问题导向。产品定位必须精准、简练且一目了然，在接下去的工作中设计者将始终围绕着产品定位进行设计，避免去做脱离产品定位的无用功。下面为一产品定位实例。

> **产品名称：**肜心
>
> **产品类型：**适老化综合性内容平台
>
> **目标用户：**老年人（60岁至89岁）
>
> **产品标语：**重拾你的童心，精彩不限年龄
>
> **产品简介：**肜心App为老年用户带来新闻、短视频、有声书、戏曲、播客5种有声内容的娱乐体验。专属 AI语音助手，海量内容任您点播。每日精彩看不停，更有福利享不尽!
>
> **设计说明：**肜心App是以老年人为核心用户的综合性内容平台，将新闻、短视频、有声书、戏曲、播客5种有声内容多元呈现。更具包容性的界面辅助阅读，面向未来的AI语音助手打破搜索的界限，专注人性化体验，带来赤诚、温馨的关怀。

4.2 梳理交互流程

4.2.1 信息架构

确定了产品定位，设计者可以用思维导图的形式来梳理产品的信息架构，这能帮助你迅速理清产品的整个脉络，确定下来这个产品需要哪些功能，为用户提供什么服务。（图4.9）

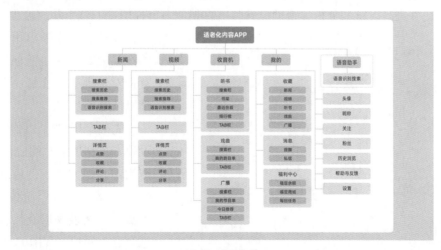

图4.9 信息架构

首先设计者将这款App分出5个一级页面，分别是"新闻""视频""收音机""我的"和"语音助手"，这也代表着产品最核心的5个功能。"新闻"和"视频"的功能非常显而易见了，所见即所得，而为了让老年用户体验到旧时光的情怀，设计者为声音内容的集合赋予了一个怀旧的名字——"收

音机"。"我的"则是各类App都广泛使用的个人主页，具备收藏夹、福利中心、消息以及与个人信息相关的一系列功能。"语音助手"是本产品的重要创新之一，设计者希望积极地运用AI能力，为老年用户赋能，优化不擅长打字的老年群体的搜索体验。

接下来设计者可以继续构思出每个一级页面下的二级页面以及更加细分的功能点。"新闻"和"视频"都应该具备搜索栏让用户进行搜索，以及Tab栏展示各种内容分类方便用户选择，而每一个内容都应有自己的详情页。点击搜索栏后展开搜索页，应具备"搜索历史"和"搜索推荐"，在搜索框的旁边还可以配备一个icon进行语音识别搜索。而"收音机"则分出三个声音版块，"听书""戏曲"还有"广播"，它们可以通过Tab栏进行切换。在"听书"页面，设有独立的搜索栏、书架（收藏夹功能）、最近在看（方便继续查看上一次浏览的内容）、排行榜，并且有一个Tab栏分类用于展示所有的听书内容。"戏曲"和"广播"也都设置了独立的搜索栏、收藏夹功能和Tab栏，"广播"承载的是每日更新的播客内容，因此额外增加一个"今日推荐"推送当日的推荐内容。为了方便用户在一个地方就能查找到他在App中收藏的全部内容，设计者希望将所有的收藏夹功能都连到"我的"页面的收藏夹中，在该收藏夹中可以通过Tab来切换内容的分类。这也就意味着在不同的页面点击收藏夹功能的icon时，都能直连"我的"中的收藏夹。除了收藏夹，"我的"页面还应具备"头像""昵称""关注""粉丝""历史浏览""帮助与反馈""设置"这几项基础功能，另外设有"消息"承接用户收到的私信内容和互动提醒（如点赞、收藏等），以及"福利中心"让用户在消费内容的同时享受到更多额外福利。作为本产品的一大亮点，福利中心发布了多个日常任务，用户只要每天浏览超过半个小时就可以获取对应的福豆奖励，累积的福豆可以用于兑换老年用户感兴趣的果蔬、鸡蛋等食材以及更多实用的生活用品，将屏幕中的视听娱乐延展至便民生活的本地化服务，为老年人献上温馨的关怀。最后是"语音助手"，它是最直接的智能搜索服务，因此设计者希望它的页面也能更加简洁明了，除了语音输入按钮和操作说明以外不宜设置过多的内容，因此不设置更多的二级页面。

4.2.2 用户旅程图

在梳理完信息架构之后，设计者开始制作用户旅程图。它可以系统化地洞察用户行为，将用户的体验可视化并进行拆解和分析，帮助设计师更直观地去审视用户的整个使用流程。在用户旅程图中，设计者会模拟出用户在使用同类型的产品或服务时可能遇到的困难，从而有针对性地去优化每一个促使用户产生消极情绪的步骤。

先确定用户旅程图需要哪些图内容。设计者将"搜索"的过程分成三个阶段：搜索前、搜索中、搜索后。设计者想要知道的是，在每个阶段中用户的行为、想法、情绪表现以及反映在产品身上的机会点。用户旅程图的布局见图4.10。

在"行为"一行，设计者用圆形来代表唤起/关闭App的操作，用矩形来代表在App中的具体操作，用一个矩形和矩形右下角反折的三角形来模拟纸张

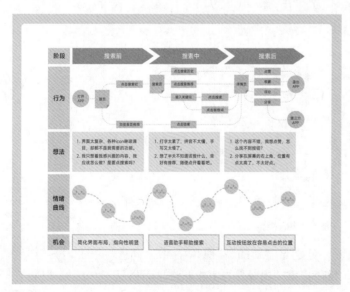

图4.10 用户旅程图

的图案，并用它来代表流程中的每一个关键页面。设计者可以用虚线将这些模块连接成一条路径，来概括出用户的行动路线。① 在"搜索前"阶段，一位老年用户打开了一款内容类的App，来到首页，想要找到某一内容并浏览，目前有两个选择，即点击搜索栏和浏览首页推荐。② 在"搜索中"阶段：第一种选择即用户点击搜索栏，前往搜索页，用户可以点击搜索历史，或者点击搜索推荐，亦或是输入关键词（此时用户可以直接点击搜索按钮或点击根据输入结果生成的联想词），这些行为都可以让用户来到某一内容的详情页；第二种选择即用户浏览首页推荐，并在系统推荐的内容中点击了某一个结果，用户便前往对应的详情页。③ 在"搜索后"阶段，用户开始浏览详情页，针对这一内容用户可以做出交互行为，进行点赞、收藏、评论和分享，当点击"分享"时用户很有可能会唤起第三方App并将这一内容传播出去，在此之后用户又有可能返回，而且在所有的交互行为结束后用户可以退出App，结束整个浏览行为。至此，可以视为流程结束。

在"想法"一行，设计者可以根据之前问卷和访谈所收集的信息，想象并概括用户在进行对应操作时的心理活动。① 在"搜索前"阶段，用户可能会认为"界面太复杂，各种icon形形色色，但都不是自己需要的功能"，用户还可能会想"我只想看我感兴趣的内容，我应该怎么做？是要点搜索吗？"② 在"搜索中"阶段，用户可能觉得打字太累了，拼音也不太懂，手写又太慢了，又或者用户想了半天还是不知道该搜什么，此时用户注意到了"搜索推荐"，便抱着随便看看的态度点击了系统给出的推荐词。③ 在"搜索后"阶段，用户看了这一内容后，觉得这个内容真不错，想要点赞，但找不到点赞的按钮，而且想要分享出去时发现"分享"功能图标在屏幕的右上角，位置有点太高了，不方便点击。

在"情绪曲线"一行，设计者可以根据描述出来的用户想法，给出一个对应的心情状态。设计者画出三种表情图案来代表每一种状态："笑脸"代表用户感到愉悦或期待，"无表情"代表用户没有特别的情绪偏向，"不悦"代表用户感到焦虑或烦躁。设计者可以将表情图案当作"贴纸"，对应每一个行为进行放置，并且为它们设置不同的高度来表示程度，最后用一条虚线进行连接，形成用户使用产品搜索服务时的完整情绪曲线。① 在"搜索前"阶段，用户对即将浏览的内容感到期待，当打开App并经过首页来到搜索功能时，此时经过了一小段时间，用户的情绪已经有所下降。而且正想要搜索时，若遇到了一些困难，用户就会变得有些焦虑和烦恼。② 在"搜索中"阶段，用户找到了搜索功能的入口，感到喜悦，若此时在打字方面有困难则用户又会对搜索感到不自信，于是用户的情绪就会跌到了谷底。如果发现"搜索推荐"，用户就会看到了一些希望，这样用户的情绪又有小幅的回升。③ 在"搜索后"阶段，用户终于来到了一个内容页面，愉悦地进行浏览，此时想要进行交互，接着便开始研究界面上的交互按钮，完成后用户满足地退出了App。在这个阶段可以大胆运用你的想象力和同理心，揣摩用户的心理活动，给出你自己的诠释，制作一条用户情绪曲线。

在"机会"一行，针对上述的所有用户活动，设计者思考如何解决他们在使用上碰到的问题，找到能够突破的机会点，以此优化用户体验。① 在"搜索前"阶段，设计者可以尽量简化界面的布局，让每个功能的指向性都更加明显，减少用户的困惑。② 在"搜索中"阶段，设计者可以设置语音助手来帮助搜索，解决老年用户打字不便的困境。③ 在"搜索后"阶段，设计者可以将互动按钮安排在更容易点击的位置，方便用户的操作过程，优化他们的使用感受。

这样，一张用户旅程图便完成了。

4.3 绘制线框图

经过了丰富的前期准备后，设计者现在可以进入界面的设计工作了。这一步，设计者要先进行线框图的绘制。

首先要创建一个尺寸合适的"框架"（Frame），这里要使用iPhone X的尺寸，接下来的一切设计都将在这幅空白的框架里进行。

可以在Figma社区里搜索到匹配当前机型的各种组件，设计者将"Status Bar"（状态条）拖到顶部，将"Home Indicator"（底部横条）移至底部，并将图层锁定，它们中间就是设计者能够自由发挥的空间。

4.3.1 "首页"线框图

第一个线框图，是App的首页线框图。先画一个矩形作为底部导航栏，然后确定底部导航栏的构成。设计者希望App一共有"新闻""视频""语音助手""收音机""我的"五个一级页面，于是将底部导航栏分为五个部分。"语音助手"是一个以全平台为范围的智能搜索功能，覆盖了"新闻""视频""收音机"里的所有内容，它适合被放在最中间，左右被分为两个均等的空间，设计者按照"新闻""视频""收音机""我的"的顺序将它们分别放入剩下的四个部分。默认态的文字颜色代码可以用#999999，选中态的文字颜色代码可以用更深的#666666。（图4.11）

"新闻"作为第一个一级页面，也是设计者的首页，设计者想象它应该有搜索栏和图文并茂的内容展示，不同的用户对新闻有多种需求，因此可以有一个Tab栏，用于切换不同的新闻分类。设计者在顶部画一个矩形框作为搜索框，搜索框的右方可能有一个表示搜索的icon。在搜索框下方利用文本框设置一些关键词，比如"要闻""健康""娱乐"等新闻分类，位于它们之首的Tab应是默认Tab，这里设计者选择用"推荐"作为默认Tab，并根据用户的搜索记录，利用大数据给用户推送一些他们更感兴趣的内容。被选中的Tab字号要比其他关键词更大，并且设计者可以画一条直线在关键词的下方，作为选中态。

图4.11 "首页"线框图

Tab栏下方的内容展示，其每一条都可以由"标题""发布者""发布时间"组成，为了勾起用户的兴趣，设计者还可以露出一部分内容来吸引用户点击，比如将一张图片放置在右侧。决定好展示形式后，设计者可以先画一个矩形来表示图片，让它来决定一条内容的高度。接着用文字框分别将"标题""发布者""发布时间"表示出来，"标题"的字号可以更大；"发布者""发布时间"作为次要信息，其字号可以小一点，与"标题"有一个明显的层次区分。将这一条内容进行编组，再复制多个并将这一页排满，这样首页的线框图就绘制完成了。

4.3.2 "视频" 页面线框图

在切换底部Tab时，底部导航栏的位置是不变的，因此设计者可以直接复制第一个框架，在这个基础上进行修改，将底部导航栏的选中态从"新闻"切换到"视频"。"视频"页面与"新闻"页面类似，有一个搜索框和Tab栏，设计者使用feed流的形式为用户播放视频，利用大数据推荐为用户播放他们更感兴趣的视频，只要滑动屏幕就能源源不断地刷新精彩的内容，用户可以通过顶部Tab的切换来选择视频的类别，比如"搞笑""生活""烧菜"等，由于这是一个专为老年用户制作的内容平台，设计者调研了老年人的语言习惯，尽量避免专业化的词汇表达，而去使用一些在老年人认知中更容易理解的说法来描述每一个功能。（图4.12）

设计者将Tab栏改为"视频"页面的Tab，在Tab栏下方留出放置视频的空间，在右下角画四个等大的矩形表示"点赞""收藏""评论""分享"功能，用文字框做出"发布者"和"内容描述"，将"发布者"加粗以区分层级。除此之外，设计者还可以在"发布者"旁边画一个圆角矩形来做"关注"的按钮。

4.3.3 "收音机－听书" 页面线框图

接下来轮到了"收音机"，在这个一级页面下，设计者希望放"听书""戏曲""广播"三个二级页面。与刚才的两个页面不同，设计者在搜索框之上还要做出一个顶部Tab来做二级页面的切换。设计者默认落地在"听书"Tab上，那么就先来做"听书"页面。（图4.13）

图4.12 "视频" 页面线框图

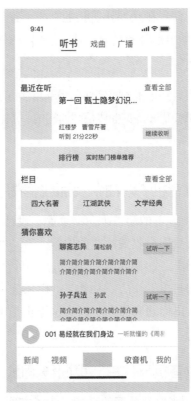

图4.13 "收音机－听书" 页面线框图

市面上的阅读软件通常都有收藏功能，这是因为用户希望对喜好的书目进行记录和保存。于是设计者在搜索框的右侧画一个等高的矩形，留出一个"书架"icon的位置，设计者可以做一些简单的笔记，这个icon将会通往一个类似收藏夹的页面。

设计者需要通过"最近在听"让用户在回到App时能快速回到上一次浏览的内容，于是设计者用文本框做了一个加粗的"最近在听"，在同一高度的右侧做了一个字体更细、字号更小的"查看全部"，方便用户查看最近在听的多个内容。设计者用一个Height比Width值更大的矩形作为书的封面，用文本框做出"标题""书名""作者"和上一次听书的进度如"听到 × 分 × 秒"。最后，在右下角画一个矩形和文本框做出"继续收听"的按钮，来完成这个模块。

在"最近在听"下方，设计者可以画一个矩形做出排行榜的入口，来告诉用户什么内容是当前热门。除此之外，应该有一个地方来放所有的听书内容，设计者可以用不同的栏目来划分它们，用矩形和文本框来示意这些栏目分类的滑动模块，向左滑动可以露出更多栏目类别。和"最近在听"一样，用文本框做出粗体字的"栏目"，而后在同一高度的右侧做出字体更细、字号更小的"查看全部"。

当用户没有明确的搜索目标时，设计者可以通过"猜你喜欢"给用户提供他们可能感兴趣的优质内容。在栏目下方做出"猜你喜欢"区域，同样用一个矩形做出书的封面，用文本框做出"标题"和"作者"。与"最近在听"不同的是，"猜你喜欢"中更多的是用户尚未听过的内容，设计者可以露出一部分简介来吸引用户收听，所以设计者可以使用与"最近在听"不同的布局，用文本框做出"简介"，再用矩形和文本框做出一个"试听"按钮。

"听"的内容往往伴随着"播放条"，针对"收音机"中的内容，用户可以在后台播放声音，同时做一些其他事情。在底部导航栏的上方，设计者画一个矩形，在圆形上叠加一个三角来做"播放键"，用文本框做出标题和简介，"播放条"的架构就完成了。

> 讲解到这里，相信你已经非常熟练了。可以用这套思路继续建构其他页面，接下来简单介绍一下其他线框图的构成。

4.3.4 "收音机 – 戏曲"页面线框图

作为"收音机"下的第二个二级页面，设计者将Tab的选中态切换到"戏曲"。设计者可以用"我的剧目单"来放置用户收藏的戏曲内容，在"我的剧目单"模块中，以图像的形式展示几个最近收藏的剧目，而点击"查看更多"可以进入一个类似于收藏夹的页面。（图4.14）

在"我的剧目单"下方，做出Tab栏来分类不同的戏曲剧种，用图片来仿照DVD封面的感觉，同时用文本框做出标题和简介。因为这里仍是"收音机"的功能，因此设计者可以保留上一页中制作的"播放条"。

4.3.5 "收音机 – 广播"页面线框图

"广播"是用来放送播客的功能，为了方便老年用户理解，设计者使用了更符合老年群体认知的名称——"广播"。设计者用"我的节目单"来表示广播节目的收藏夹，"今日推荐"为用户推送当日平台主推的内容，"栏目"展示不同播客的分类，"热门榜单"展示当前的节目热度排名。（图4.15）

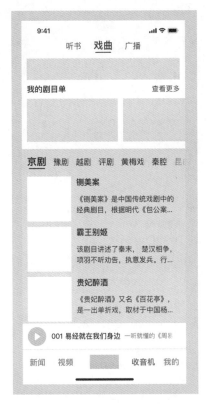

图4.14 "收音机－戏曲"页面线框图　　　　图4.15 "收音机－广播"页面线框图

4.3.6 "我的"页面线框图

"我的"是用户的个人中心，它应该包括"头像""昵称""关注数"和"粉丝数"，还有"收藏""历史""帮助与反馈"和"消息"4个功能。除此之外，设计者还可以做一个"福利中心"，让用户可以通过每日浏览任务领取福利，满足用户薅羊毛的需求，同时增加用户黏性。（图4.16）

4.3.7 "我的－收藏"页面线框图

设计者希望"书架""我的剧目单""我的节目单"这三种名称各异但功能一致的icon，都可以指向"我的"——"收藏夹"，这样用户就可以在一个地方通过不同Tab的切换，找到他在App里收藏的所有内容。（图4.17）

4.3.8 "我的－福利中心"页面线框图

设计者可以用"福豆"的形式来表示完成任务获得的积分，通过"每日任务"积累福豆后，用户可以利用福豆在"福豆商城"里进行果蔬、鸡蛋等生活物品的兑换，以此作为消费娱乐内容的激励机制。（图4.18）

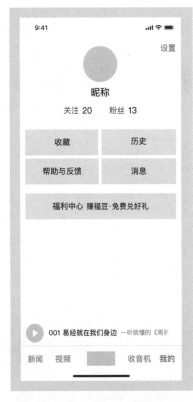

图4.16 "我的"页面线框图

图 4.17 "我的－收藏"页面线框图　　　　图 4-18 "我的－福利中心"页面线框图

4.3.9 "新闻－搜索"页面线框图

图 4.19 "新闻－搜索"页面线框图

　　点击搜索栏后，用户会进入"搜索页"，设计者可以想象一个变换的动效将搜索框缩短，在搜索框的左右两侧有"返回"和"搜索"的按钮。设计者可以在 Figma 社区轻松地找到"键盘组件"，将组件置于底部，模拟出搜索时键盘弹出的状态。（图 4.19）

　　在搜索框下方，还应有"搜索历史"和"搜索推荐"选项。"搜索历史"应配备"清空历史"的功能，设计者可以在"搜索历史"的右侧做一个垃圾桶 icon；"搜索推荐"可以展示 5 条当日点击量最高的内容，左侧是"序号"和"标题"，最右侧露出每一条内容的点击量，设计者可以采用"X 万人感兴趣"的说法，并用"大热门""新发布"或"实时上升"的图标来吸引用户点击。在键盘上方，设计者可以做出一个"语音识别"的按钮，帮助老年用户更快速、更简单地进行搜索。

　　以上就是新闻搜索页面，而其他页面分支下的搜索页也应具有同样的结构。对于相同的页面，设计者无需重复绘制，而对于画面中的文字（如搜索推荐下的每一条结果），设计者仅需制定文字格式等规范，具体内容则通常是由开发者进行配置，或是通过算法实时生成的。

4.3.10 "语音助手"页面线框图

设计者希望"语音助手"是一个底部弹出控件，背景保留在上一个Tab的一级页面，这样在一级页面的切换过程中不会过于突兀。而"语音助手"作为一个可以快速搜索到全平台内容的工具，从概念上应该覆盖"新闻""视频""收音机"的所有内容，因此在这些一级页面的基础上弹出"语音助手"控件更符合设计理念。假设用户在新闻页面打开了"语音助手"，设计者可以直接复制一个新闻的页面。在此基础上设计者需要一个蒙层，使背景不会干扰用户阅读弹出的"语音助手"控件，设计者画一个与框架尺寸等大的矩形，填充黑色（代码#000000），并将透明度调低成60%，一个简易的蒙层就制作完毕了。（图4.20）

设计者在蒙层上画一个矩形开始绘制这个控件，可以想象它是一个从底部拉出的抽屉，底部应该与底部导航栏齐平，顶部则可以是圆角，圆角更加美观且具有内在指向性，一个圆角的界面容器更容易引导用户的目光聚焦在容器中的内容上。设计者可以用"独立圆角"功能来分开设置矩形顶部和底部的圆角半径，设计者将顶部的两个圆角半径设置为24，底部的两个圆角半径则设置为0。

在这个控件里，设计者用字号较大的文字引导用户进行提问："早上好，今天您想做什么？"并在"猜你想问"下面给

图4.20 "语音助手"页面线框图

出一些搜索示例，并且这些搜索示例的模块可以直接点击。在右上角还可以做一个表示"规则"的icon，在用户不知道该如何使用语音识别功能时讲述它的使用规则。

当用户切换到"语音助手"时，"语音助手"的icon变形为可点击的按钮，当用户点击按钮时，按钮呈现选中态，并且开始语音识别。设计者找到声纹的组件来示意语音识别时的声音变化，再加上一行小字"正在智能识别中……"来提示当前正在识别语音指示。

4.4 确定界面风格

4.4.1 总结关键词

在进行UI风格定位时，最为常用的方式就是建立情绪板，而情绪板是由许多代表着某种意象的视觉素材组成的。视觉素材的搜索依据是关键词，关键词则依据产品的特征或定位而定。

根据前期的调研与分析，设计者可以总结出"知识、品质、有趣、温暖、简洁"这五个关键词。然后，结合上述关键词以及目标群体的需求与偏好，延展出更为具象的衍生关键词以便于检索，如"知识"对应着"书籍""温暖"对应着"阳光"。（图4.21）

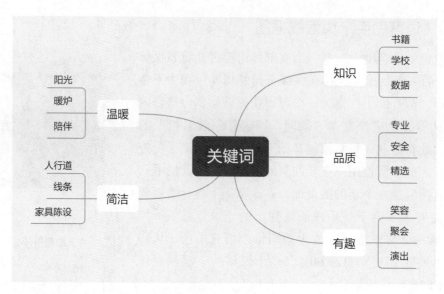

图4.21 关键词

4.4.2 整理情绪板

在情绪板建立的初期，需要由设计师或设计团队大量地搜寻各个关键词所对应的素材。在本书的3.1.4章节中，也为大家推荐了许多资源素材检索网站，如Unsplash、Pinterest等。

检索完毕后，对搜集到的内容进行二次、三次筛选与精简，期间还可以邀请一些典型用户参与访谈调研，参考他们的意见，直到选定最符合产品调性且最具代表性的素材为止。（图4.22）

图4.22 情绪板

精简后的情绪板将会作为视觉设计的依据，在设计者对App界面中的各项视觉元素——"形、色、字、质、构、动"进行设计时，都需要以此为参考，以确保产品调性的鲜明与视觉风格的统一。

4.5 完成UI设计稿

4.5.1 配色

根据情绪板以及关键词，最终选择代表着"温暖"的橙色作为主色系，与之相近的黄、红色为辅色。（图4.23）

同时，由于老年人用户群体的特殊性，相比于简洁单一的色彩体系，丰富且区别度高的色彩将会更好地帮助他们辨识信息。因此，在设计按钮时，对于不同功能的按钮，需要使用色相差异较大的颜色进行区分。

由于其他元素的色相较为丰富，界面中的文本信息及背景主要选用黑、白、灰三种颜色，避免因色相变化过多而引起老年用户的阅读不便。

4.5.2 字体、字号、字重

在进行UI设计时，较多地使用用户手机中预置的系统字体作为主要文本信息的字体，如iOS系统的"苹方"字体。对于一些需要进行特殊强调的模块或标题，可以适当地使用其他字体。

在本项目中，主要使用到了苹方SC（系统字体）作为主要文本字体，DIN Alternate作为重要数字字体，优设标题黑作为重要按钮及标题字体。界面中的字体以无衬线体为主，目的是方便老年用户的阅读。（图4.24）

在适老化项目中，字号的选择尤为重要。主要文本信息的大小至少要在18pt以上，普通文本的字重为"Regular"，而标题字、重要文本、按钮文本则使用"Medium"字重以示区分。

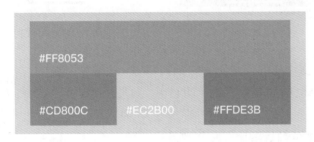

图4.23 配色

图4.24 字体

4.5.3 主要界面设计

步骤1：案例分析

① 查看参考案例。大家可以在"素材文档"的页面"4 实战训练"中找到参考案例。案例中共包含"新闻""视频""收音机""我的"这四个主要界面。

② "新闻"界面。它的主要结构是左文右图，顶部放置了一个Tab栏，用于新闻分类的切换。相对其他三个界面而言，本页面的结构较为简单。制作好一个新闻卡片后，大量复用即可。（图4.25）

③ "视频"界面。使用了常见的短视频播放页布局方式，打造沉浸式的视频观看氛围。UI的色调也以黑白为主，最大限度地削弱干扰项，使用户能够聚焦于视频内容本身。（图4.26）

④ "收音机"界面。在这个界面中，共有"听书""戏曲""广播"三个类别，以顶部Tab栏的

形式呈现，便于用户快速切换。相比于前两个页面，本页面的结构形式较为多样。以"听书"模块为例，顶部的"最近在听"板块使用了通栏设计，同时右上角添加了浅橙色晕染效果，强化氛围感；"排行榜"则为卡片式，并使插图局部超出矩形区域，形成"破形"的效果，为界面增添几分变化；下方的栏目选择区使用较大的矩形按钮，方便老年用户进行点选，同时运用了丰富的色彩进行不同

图4.25 新闻

图4.26 视频

图4.27 收音机－听书

类别的区分，并叠加了与各个分类关联度较高的元素作为背景，使按钮的层次更加丰富，所代表的内容也更加具象；最下方的"猜你喜欢"区域采取了feed流的形式，左图右文的结构，在按钮设计时，运用较浅的底色与较深的文本色进行对比，并与"最近在听"板块中的"继续收听"按钮相呼应，以保持界面风格的统一性。（图4.27）

⑤"我的"界面。头部的个人信息部分使用了半圆角矩形作为背景，与下方功能区中的圆角矩形按钮形成上下呼应。在进行按钮设计时，保持用色相来区分功能和信息的设计思路，为每个按钮设计了不同的颜色，在进行颜色选取时，既要考虑到不同色彩间的适配度，也需要保持整体的明度、饱和度的统一。同时，参考大量市面上已有的同类型功能按钮，选取与所提供的功能较为适配的颜色，以适应用户心智。（图4.28）

⑥底部Tab栏。在"Figma练习二：Tab栏设计"中已经学习过几种常见的底部Tab栏形式，并介绍了纯文本式底部Tab栏的优点——避免分散用户注意，使其聚焦于内容本身。本案例中的底部Tab栏就使用了纯文本式的设计，除了前文中所提及的优

图4.28 我的

势之外，相比于抽象的图标，文本内容也更便于老年用户进行识别，与本项目的背景及目标人群具有较高的适配度。正中间的语音搜索按钮，使用了带有本 App 主题色的渐变色，突出该功能的重要性，同时加深用户对于主题色的印象。

步骤2：前期准备

导入线框图。打开先前制作好的线框图文档，选中"新闻""视频""听书""我的"四个框架，按【Ctrl / Cmd + C】键复制，然后找到"添加新页面"按钮，新建一个页面并命名为"UI设计"，按【Ctrl / Cmd + V】键，将刚才所复制的框架粘贴到该页面中。（图4.29）

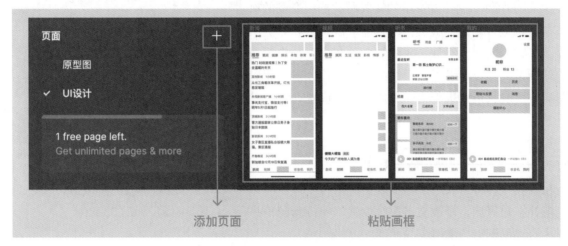

图4.29 粘贴框架

步骤3：设计"新闻"界面

搜索栏、顶部 Tab 栏及底部 Tab 栏的设计方法在3.1.5小节"制作一个完整的页面"的练习中为大家详细介绍过了，在此为大家重点讲解未介绍过的部分。

① 添加效果。在顶部 Tab 栏中，创建背景矩形，并为矩形添加半透明的黑色投影，微调参数，使其看起来更加自然。在底部 Tab 栏中，"语音输入"按钮的底部需要添加一个向外弥散的橙色投影，模拟光晕效果，丰富界面的质感。（图4.30）

② 调整文本颜色。选中最上方的"新闻信息"，修改各个文本图层的颜色。标题字颜色不变，发布者及发布时间的颜色代码改为 #000000，40%填充不透明度。

③ 调整图片填充方式。选中图片占位框，将准备好的新闻资讯图片粘贴进去，大家可以自行搜索匹配适合的图片，或在"素材文档-4实战训练"中选用对应的图片。然后，在"设计"面板的"填充"属性栏中，将填充方式改为"裁切"，并调整图片的显示区域及大小。（图4.31）

图4.30 顶部＆底部 Tab 栏

图4.31 裁切图片

④ 装饰"热门"标签。新建一个矩形并使其与"热门"二字居中对齐，作为该文本信息的背景。选中该矩形，将左上角和左下角的圆角半径拉到最大。然后，将"热门"文本的颜色代码修改为#FF551B，80%填充不透明度，字号为18px。最后，将刚才所创建的矩形的填充类型修改为线性渐变，并调整渐变色及填充不透明度，形成由左至右渐隐的效果。（图4.32）

⑤ 创建组件。制作好文本的样式后，选中左侧的所有文本信息进行编组，随后，同时选中该编组和右侧的图片，将它们创建为组件，并添加自动布局。制作为组件的好处是，当设计者进行后续的设计工作，需要用到该布局方式时，可以进行快速复用，并形成统一的设计规范。

⑥ 制作变体。此外，设计者还需要制作一个未添加"热门"标签的变体。选中刚才制作好的组件，添加变体，在变体中，将"热门"标签删去，同时左移新闻标题以填补空缺区域，修改文本换行位置，保持新闻信息与图片的间距不变。（图4.33）

⑦ 制作列表。通过对组件及变体的复用，形成新闻列表即可。

步骤4：设计"视频"界面

① 填充图片。选中框架"视频"，在框架中插入一个矩形，并预留出底部Tab栏的高度。在矩形框中填充一张图片，并将填充方式修改为裁切，调整图片的大小及展示区域。大家可以自行选用合适的图片，或在"素材文档"中找到案例中所用的图片。

② 绘制底部内容。将底部Tab栏的填充色修改为黑色、"视频"Tab修改为白色，本页面中的其他所有文字、iOS系统UI修改为白色。删去关注按钮的背景填充色，添加一个白色描边，并绘制一个加号，放置于"关注"的右侧。（图4.34）

③ 绘制右侧按钮图标。使用形状工具与钢笔工具绘制右侧的四个按钮icon，绘制时，需要注意保持四个icon的统一性。这四个按钮的样式需要随用户的点击而发生变化，这样才能明确地提示用户点击成功，因此，设计者也需要将点击后的按钮样式设计出来。以"收藏"图标为例，将它的填充类型修改为"线性渐变"，渐变方向为左上角至右下角，由浅至深。然后，添加"投影"效果，为该按钮增加一个浅黄色的弥散晕染效果。（图4.35）

④ 调整文本样式。由于该页面中的文本及按钮多为白色，作图时需要使它们与背景之间产生区分。选中右侧的四个按钮及其下方的数字，分别进行编组，使按钮与数字一一对应。随后，添加一个半透明的黑色投影效

图4.32 热门

图4.33 组件

图4.34 添加填充＆修改样式　　图4.35 绘制图标

果。新建一个矩形，填充类型为"线性渐变"，方向为由上至下，颜色代码为#000000，上侧填充不透明度0%，下侧填充不透明度12%。

⑤ 绘制进度条。在底部Tab栏的上方绘制一个进度条，在进度条上创建一个可供用户拖动的"手柄"，并为手柄添加"投影"效果。

⑥ 弱化"语音搜索"按钮。删除"语音搜索"按钮的渐变填充色，并添加白色描边。然后，微调麦克风icon的投影效果，使其看起来更加自然即可。（图4.36）

图4.36 视频–底部Tab栏

其余元素的具体制作步骤较为简单，这里不再多作赘述，如需了解可以自行观看教学视频。

步骤5：设计"听书"界面

① 绘制头部。将顶部Tab中"听书"下方横线填充色代码修改为#FF551B，绘制线性的"书架"按钮图标，并使其位于矩形定位框的中心位置，颜色代码改为#FF551B，并为顶部Tab背景矩形添加投影效果，使它的样式与"新闻"界面的头部区域样式保持一致。（图4.37）

图4.37 听书–顶部Tab栏

② 绘制"最近在听"模块。为"最近在听"添加一个矩形通栏背景，并添加蓝灰色投影。同时，在最右侧创建一个椭圆，填充类型改为"线性渐变"，渐变色以半透明的橙黄色为主，最后添加"图层模糊"效果并微调参数。对照案例，调整文本样式，使主要文本与次要文本之间的区分度更高，并修改数字的字体为"DIN Alternate"，丰富界面的层次感、加强对比。调整"查看全部"按钮文本样式，并在其右侧添加"箭头"。调整"继续收听"按钮样式，在文字的右侧添加三角形的播放icon，并增大文字、icon与外部矩形之间的间距，提高留白率、增大可点击范围，便于操作。（图4.38）

图4.37 听书–顶部Tab栏

③ 绘制"排行榜"按钮。增加"排行榜"按钮的高度，并为背景矩形部分添加"线性渐变"，方向为左上至右下，左上角较深、右下角较浅。添加上侧和左侧的描边效果，为按钮增加高光与厚度。修改标题文本"排行榜"字体为"优设标题黑"，放大字号

图4.38 "最近在听"模块

至26px。然后，调整右侧说明文字的文本颜色为白色，并降低不透明度至65%。（图4.39）

图4.39 修改文本&背景矩形样式

④ 绘制"书本"插画。使用形状和钢笔工具，在右侧绘制书本插画，并利用不同明度的灰紫色填充，区分书页的层次，然后绘制浅橙色的封底，并在书页与封底之间绘制投影区域。绘制完成后，选中矩形背景，按【Ctrl / Cmd + D】键，创建的副本。同时选中该副本与插画图层，使用"蒙

版"工具，使矩形背景成为插画的剪切蒙版，并调整蒙版高度，使插画略高于背景上部，从而产生"破形"的效果。（图4.40）

⑤ 绘制装饰线。使用钢笔工具绘制一条白色折线作为背景，并调低不透明度，使其作为背景的装饰。（图4.41）

图4.40 绘制书本插画

图4.41 排行榜按钮

⑥ 绘制"栏目"区域。首先，调整各个按钮的尺寸为120*68px，然后为各个按钮的矩形背景填充不同的渐变色。填充完毕后，修改文本字号为22px，颜色代码为#FFFFFF。

⑦ 粘贴图片。在"素材文档"中复制各个按钮所对应的素材图片，将其粘贴到按钮背景上。以"四大名著"为例，按【Ctrl / Cmd + D】创建一个按钮背景矩形的副本，同时选中粘贴好的祥云纹图片，使副本作为它的剪切蒙版即可。其他的按钮也是同样的制作方式。（图4.42）

⑧ 绘制投影。复制每个按钮矩形背景的副本，以"四大名著"为例，选中副本图层，长按【Alt / Opt】，横向拖拽以缩小该图层，并添加"投影"效果，使用"吸管"工具，吸取渐变色的中间部分作为投影色，并调整不透明度、模糊值及Y坐标值。（图4.43）

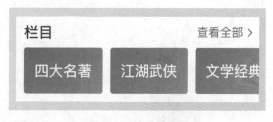

图4.42 添加按钮底纹

图4.43 栏目

⑨ 绘制"猜你喜欢"板块。它的制作方式与"新闻"界面中新闻列表的制作方式相似，制作好其中一条内容后，不断复用即可。

⑩ 绘制"播放栏"。修改最下方的"播放栏"中的圆形部分的填充图片，并参照制作"最近在听"右上角渐变弥散效果的方法，为播放栏制作一个渐变弥散效果，然后为播放栏的矩形背景的下边线添加描边，使其与其他板块有所区分。（图4.44）

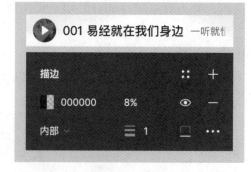

图4.44 播放栏

步骤6：设计"我的"界面

在"我的"界面中，重点需要讲解的是"功能区按钮"及"福利中心"的绘制方法。

① 绘制基本元素。以"收藏"为例。修改底部矩形的填充类型为"线性渐变"，方向为左上至右下，由深至浅。然后，绘制一个星形并填充一个线性渐变，再使用"钢笔"工具绘制一个代表着"微笑"的弧线。绘制完成后，创建一个星形图层的副本，填充类型修改为颜色填充，同时放大并

置于底层，作为衬底元素。（图4.45）

图4.45 添加填充&绘制星形图标

② 添加装饰。在画面中创建一个圆形，添加线性渐变填充及描边。然后，再次原位复制一个原始星形的副本，使它作为该圆形的剪切蒙版。（图4.46、图4.47）

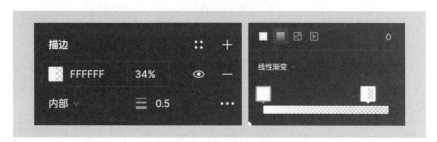

图4.46 "线性渐变"参数

图4.47 绘制完成效果

③ 绘制"福利中心"按钮。首先，创建矩形并添加由左上至右下的"线性渐变"，修改标题文本的字体、字号及说明文本的颜色、不透明度。然后，利用描边与渐变填充，强化体积感。（图4.48）

图4.48 修改文本&背景矩形样式

④ 丰富按钮细节。创建矩形，按【Enter】键进入"路径编辑"模式，将上方的两个锚点向右移动。然后修改填充类型为线性渐变，方向为右上至左下。（图4.49）

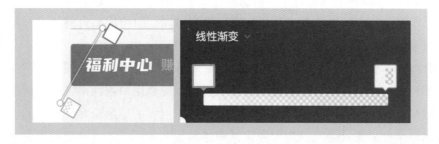

图4.49 绘制"高光"

⑤ 绘制"福豆"的基本形状。按【R】键创建一个矩形，按【Enter】键进入"路径编辑"模式，调整锚点及线条的曲度。调整好后，填充颜色，并将填充类型修改为线性渐变，增强插画的体积感。（图4.50）

⑥ 添加细节。利用"图层模糊"效果添加高光、反光与暗部，丰富明暗层次、增加画面细节，还可以修改"图层混合模式"、添加"投影"效果，以达到最佳的视觉表现效果。（图4.51）

⑦ 创建副本。绘制完成后，按【Ctrl / Cmd + D】键创建副本，缩小其尺寸并修改倾斜角度。（图4.52）

图4.50 基本造型　　　　　图4.51 绘制完成　　　　　图4.52 创建副本

最终完成效果如图4.53所示。

图4.53 "福利中心"按钮

4.5.4 其他界面设计

其他界面为"收音机"Tab下的"戏曲""广播"，"我的"Tab下的"收藏"及"福利中心"。这些页面的绘制方式与主要界面大致相同，大家可以尝试独立绘制，也可以观看演示视频以了解详细的操作步骤并跟练。下面重点对设计思路进行分析。

① "戏曲"界面。顶部为通栏式的"我的剧目单"板块，下方为二级Tab栏，可以按照具体的戏曲分类来查看推荐内容并进行试听，在进行本版块的设计时，较多地使用与"戏曲"主题相关度较高且与主题色"橙色"相近的红色作为点缀，既能突出本版块的特色，也能呼应主题色。（图4.55）

② "广播"与"戏曲""听书"界面。同属于"收音机"Tab下，因此大致的设计方式也较为相似。顶部的"我的节目单"复用了"我的剧目单"的设计方法；在"今日推荐"板块中，背景部分使用了仿照收音机扬声孔所设计的圆点元素作为点缀，顶部为渐变色，同时本版块的主要UI用色与所推荐内容的封面主题色系一致，以打造整体感，加深用户对推荐内容的印象；"栏目"模块的布局方式与听书界面保持一致，但与之不同的是，在进行按钮设计时，使用了更为具象的写实图片作为背景素材，更具体地展现该分类所代表的内容，配合文本信息进行展示，更加有助于老年用户的理解。（图4.56）

③ "收藏"界面。基本的排列方式与"新闻"界面相同，但相比而言整体字号稍小，方便用户一次性地查看较多内容，以筛选出自己需要查找的信息。（图4.57）

④ "福利中心"界面。该界面是所有界面中视觉风格、氛围感最为强烈且鲜明的界面，主要设计目的是促进用户参与福利活动，彰显福利的吸引力，以提高用户留存率，同时借助分享功能，达到一定的拉新效果。而其他界面的视觉设计则主要服务于内容的展示，在设计目的上略有不同。本页面的整体布局以卡片式设计为主，为了强化氛围感，头部使用了浅黄渐变色作为背景，按钮色也以金色、黄色为主，紧扣"福利"这一主题。（图4.58）

| 图4.55 戏曲 | 图4.56 广播 | 图4.57 收藏 | 图4.58 福利中心 |

以上就是本项目中为大家进行示范的8个主要及次要界面的基本设计思路与部分页面的具体制作方法。在学习完上述内容后，大家可以自行延展、举一反三，参考前文中的信息结构图，将剩余的界面也设计出来，如详情页、搜索页、播放页、排行榜落地页等，而非仅仅局限于跟练、临摹书中案例。

4.5.5 切图与标注

在实际的工作流程中，制作好设计稿后设计者还需要对其进行切图与标注，以便交付给研发人员。（图4.59）

相比于其他的设计软件，Figma的在线共享功能为设计者提供了团队协作上的便利，在开发模式下，团队中的研发人员可以直观地看到主要的标注信息，大部分的参数或信息都无需由设计人员进行手动标注。如果遇到需要手动标注的情况，可以使用3.1.3中为大家推荐的Measure插件，该插件的具体使用方法也在该小节中进行了相应的介绍。（图4.60）

图4.59 导出

图4.60 标注

4.6 动效制作

图4.61 检查重名

步骤1：导入文件

① 检查与导入。新建Principle文件并打开Figma设计文件，首先，利用左上角的"搜索"功能，检查是否存在重名图层，如果存在，则需要进行修改，否则在后续的动效制作中可能产生错误。检查完毕后，选中全部UI界面，导入到Principle中。（图4.61、图4.62）

图4.62 导入界面

② 修复设计稿。可以看到，设计稿经由Figma导入到Principle后，部分图层的圆角半径会丢失，因此设计者需要找出这些图层，重新为它们添加圆角半径。（图4.63）

图4.63 修改圆角

步骤2：制作"界面切换"动效

① 建立点击区域。使用矩形工具（快捷键：R）创建一个白色矩形，作为底部Tab栏中的按钮"视频"的交互点击区域。（图4.64）

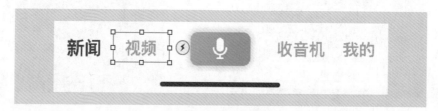

图4.64 创建点击区域

②创建交互连线。点击右侧的"闪电"图标，创建触发事件"点击"，连向"视频"界面。（图4.65）

图4.65 创建交互连线

③完成所有界面跳转连线。依照上述方法，为底部Tab栏中的每个按钮添加界面跳转连线。（图4.66）

图4.66 界面跳转连线

④ 检查。交互创建完成后，可在预览窗口检查交互是否生效以及是否存在错误。

步骤3：制作"顶部Tab切换"动效

接下来，以"收音机"界面下的顶部Tab栏"听书－戏曲－广播"的切换为例，进行练习。

① 检查图层名称。检查每个界面中Tab底部"装饰线"的图层名称，如果他们不一致，则需要将它们手动修改为同一名称。这样做的意图是，使计算机可以检测到该图层在交互动作发生前后的位置变化情况，从而自动生成位移补间动画，如果它们的图层名称不一致，则无法生成补间动画。同理，设计者还需要对不同界面中对应的各个Tab的文字图层名称进行检查，确保它们的一致性。如图层"听书"，无论它位于"听书"界面，还是"戏曲"或"广播"界面下，都应保持它的名称为"听书"。（图4.67）

图4.67 检查图层名称

② 创建交互连线。检查修改完毕后，参照"界面切换"中的方法，分别为每个Tab创建矩形的可点击区域，并创建交互连线，连接至各个对应界面。（图4.68）

图4.68 创建交互连线

步骤4：制作"试听播放"按钮动效

① 准备静态界面。设计者在静态设计稿中，将播放按钮的播放状态与初始状态都绘制了出来。进行动效制作时，需要先将稿件中的播放态按钮替换为初始态。（图4.69）

图4.69 修改播放按钮

② 创建交互连线。以"铡美案"为例，选中播放按钮，创建触发动作"点击"，并指向其所在的框架，创建它的副本。（图4.70）

图4.70 创建副本

③ 导入并调整图层关系。在副本中，导入播放态的按钮图片，需要使按钮中的背景、三个矩形分别处在不同的独立图层中。这样一来，点击"播放"按钮后，它就会自动改变状态了。（图4.71）

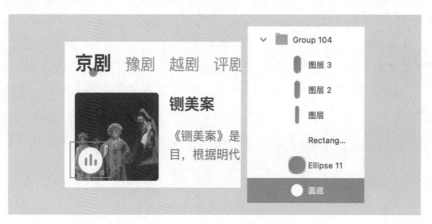

图4.71 导入播放态按钮

④ 创建交互连线。选中开始播放后的界面，创建触发事件"自动"，并连向该界面本身，创建副本。（图4.72）

图4.72 创建副本

⑤ 观察案例。可以看出，播放图标中的矩形高度变化可以分为三种状态，左2矩形为最高高度，左1矩形为中等高度，左3矩形为最低高度。（图4.73）

⑥ 调整矩形的高度。假设每次变化中，每个矩形的高度都发生"一个单位"的改变，即"左1"从中等高度上升至最高高度，"左2"从最高高度下降至中等高度，"左3"从最低高度上升至中等高度。因此，设计者需要在副本画板中，将三个矩形的高度调整为如下图所示状态。（图4.74）

图4.73 播放态按钮　　　　　　　　图4.74 调整图形

⑦ 完成所有矩形高度的调整。依据前文所述原理，创建副本并在每个副本中分别绘制出按钮在一次完整的变化循环中将会经历的所有状态，即关键帧。可以看到，在每次变化中，都将有一个矩形达到最高高度或最低高度。（图4.75）

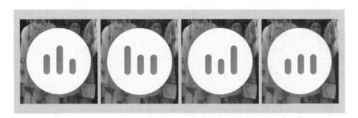

图4.75 所有关键帧

⑧ 制作"停止播放"状态。依照制作播放按钮点击区域的方法，分别在每个画板中添加一个"停止按钮"的点击区域，并选择触发方式为"点击"，连线至初始画板。

⑨ 调整"动画"参数。点击每条交互连线，调出"动画"面板，选择合适的动画曲线、调整动画时长即可。

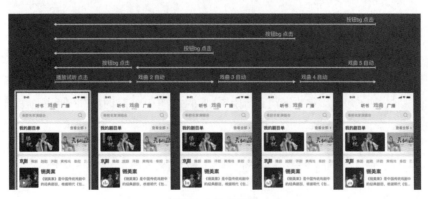

图4.76 完成效果

步骤5：制作"播放栏"动效

① 创建交互连线。选中"广播"界面，找到下方播放栏中的"播放"按钮。选中该按钮，添加触发事件"点击"，连线至该界面本身，创建它的副本。（图4.77）

图4.77 创建副本

② 绘制"暂停"图标。在副本中，隐藏"播放"按钮的三角形图标，并按【U】使用圆角矩形工具绘制"暂停"图标。（图4.78）

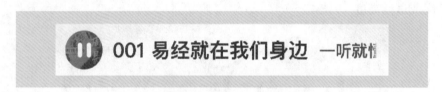

图4.78 绘制"暂停"图标

③ 旋转图层。在副本画板中选择播放内容的图片图层，修改它的旋转角度为360°。（图4.79）

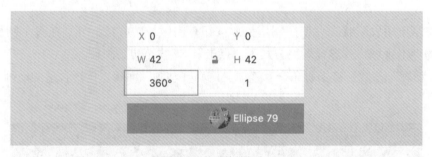

图4.79 修改旋转角度

④ 调整"动画"参数。点击交互连线，打开"动画"面板，调整动画时长为15秒。由于默认状态下的时间轴显示范围较小，设计者可以利用电脑的触控板，对时间轴进行缩放。（图4.80）

图4.80 调整动画时长

⑤ 制作"返回"效果。选中"暂停"按钮，创建触发事件"点击"，连线至画板本身，创建一个副本画板。在"图层"面板中，更改"图片"图层的名称，使其与其他画板中对应图层的名称不一致。否则，计算机将会自动为设计者计算出旋转效果的补间动画，这与设计者需要的效果不符。修改完成后，再次选中"画板3"，也就是设计者最后所创建的画板副本，添加触发事件"自动"，连线至"初始画板"，即"画板1"。（图4.81）

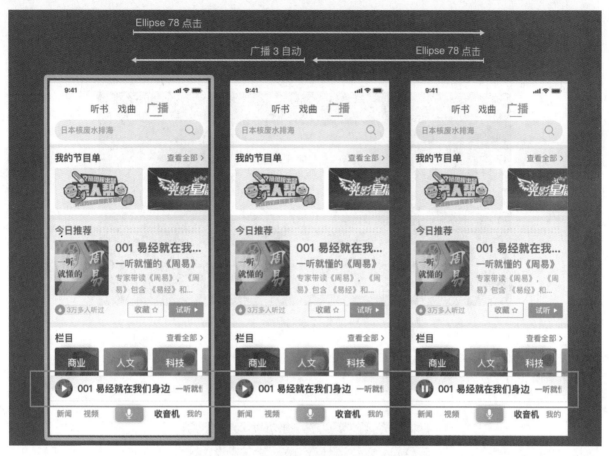

图4.81 完成效果

步骤6：制作"滑动页面"动效

① 修改图层属性。选中广播界面所在的画板，在"属性"面板中，取消勾选"裁剪子图层"选项。然后，分别将"我的节目单""今日推荐""栏目""热门榜单""你可能喜欢"5个板块进行编组。同时选中这5个编组，再次将它们编组为一个整体，命名为"滚动区域"。最后，重新勾选"裁剪子图层"选项，并修改"垂直"交互方式为"滚动"。（图4.82）

② 修改滚动范围。在"画板"中修改"滚动区域"图层组的尺寸。完成后，在"预览"窗口中【滑动鼠标滚轮】，即可预览该界面的滑动效果。（图4.83）

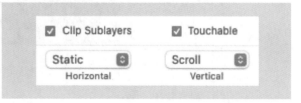

图4.82 修改属性

图4.83 修改滚动范围

步骤7：导出

① 开始录制。点击预览界面右上角的"摄像头"按钮，开始录制。然后在"预览"界面中，按照交互流程进行动效演示。（图4.84）

图4.84 录制视频

② 停止录制。演示完毕后，再次点击"摄像头"按钮，停止录制，此时将会自动弹出"导出"窗口。（图4.85）

图4.85 导出视频

③ 调整参数并导出。选择合适的参数后，点击右下角"导出"按钮，选择导出路径即可保存演示视频。

5

作品集制作

● **本章知识点**

完成设计方案后，设计师还要懂得如何包装自己的优秀作品，展示自己的设计水准。本章节将讲解作品集的设计方法，并演示如何利用Figma制作一本好的作品集。

框架
设计

交互演示

作品集

figma 制作

看彩色版
扫描这里

5.1 作品集是什么

作品集是设计师将作品进行排版和展示，将创作过程进行拆解和可视化，最终整理成册的产物。作品集凝结了创作者的灵感、巧思和概念，直观地展示了作品从构思到完成的整个脉络，既是创作者充分展露自我的表现形式，也是让他人快速了解到创作者的能力、创造力和潜力的一种途径。

在投递设计类岗位简历或是申请国内外艺术院校时，作品集是至关重要的一环。作品集的水准是对设计能力最直观的体现，在尚未取得面试机会的时候，作品集就是你的代言人，收到作品集的人会通过它来衡量你是否达到了他们的录取门槛。好的作品集是对作品和设计师的一次包装和营销，而糟糕的作品集是无法充分体现作品本身的优秀，有时会导致一个好作品不能得到它应有的评价。

关于作品集，设计者应时刻谨记以下几点：

① 页数要求。整个作品集以20~40页为宜，通常展示3~5个作品即可，具体要看目标单位是否申明了作品集的页数要求。

② 风格统一。整个作品集的色调、字体、版式等都要保持一致，而每个作品的主题如果也有所关联，则更加能够展示出设计师的创作脉络，这样的作品集会显得更完整，也更容易出彩。

③ 排版清晰。逻辑完整，结构清晰，方便阅读，适当地加以视线引导，特别是主副标题要醒目，重点加强可视化，简明扼要地突出核心内容即可，不宜使用大段的文字说明，应以图片为主，文字为辅。

④ 主次分明。有主有次，有详有略，将第一个项目作为"主项目"来深化，把第一个项目呈现好了，看作品集的人心里其实就已经有了一个大致的评价；其它项目居于辅助的位置，页数尽量不要超过主项目，用来丰富书册，使作品集内容更加充实；那些只有结果、没有过程的作品不建议展示，它们分量不足，过于单薄，若实在想要展示，则可以在作品集最后面安排两三页的"other work"来集中展示。

⑤ 封面设计要求。封面是作品集的门面，一个足够吸引人的封面就已经拉高了基础分，要注意封面和封底必须是成套的，否则就不够统一；而对于需要打印出来的作品集来说，纸质、印刷、装订都是需要考虑的细节，别致的工艺能够让你的作品集迅速脱颖而出，这就是包装的魅力。

5.2 作品集框架设计

一个完整的作品集不仅要展示设计者的作品结果，还要清晰地呈现出设计者调研和构思的过程。交互作品并不只有UI界面，与人"交互"的过程才是交互的意义所在。因此，详细的用户调研和需求分析更能够展现设计者人性化的设计理念和以用户为中心的设计方法。

与刚才带领大家一起完成的项目一样，在制作作品集时，设计者先制定整体的框架，再对其中每一个部分进行局部的设计。

作品集基本构成：

1.封面	4.项目（包含项目封面和项目内容）
2.个人简介	5. Otherwork（非必要内容）
3.目录	6.封底

每个作品集通常会包含3~5个项目，而其中的每个项目必然也都是五脏俱全、结构完整的。针对设计者刚刚完成的"彤心App"这一项目，可以将项目内容分成9个部分来进行排版。

项目内容基本构成：

1.项目概述　　4.用户旅程图　　7.色彩规范

2.用户调研　　5.产品架构　　　8.组件设计

3.用户画像　　6.原型设计　　　9.主要界面

5.3　如何用Figma制作一本好的作品集

步骤1：搭建基本结构

① 确定大纲。确定好颜色后，按照上一小节中设计的框架进行作品集基本结构的编排，依次为项目概述、用户调研、用户画像、用户旅程图、产品架构、原型设计、色彩规范、组件设计、主要界面。

② 新建框架。在画布中，创建一个1280×720px的框架。在框架中可先输入标题文本，如"项目概述"，同时可以在它的下方附上英文翻译。（图5.1）

③ 添加文本。仅仅放置标题文字难免显得单调，设计者还可以在其上方添加一行"UX Design"，既能说明项目的类型，也能起到装饰的作用。（图5.2）

图5.1 新建框架

图5.2 添加文字

④ 导入图片。在界面中输入文字内容，确定说明文本的位置及大致宽度、高度。随后，导入所需的图片，并进行大致的定位。（图5.3）

图5.3 添加说明文字&图片

步骤2：选取色彩

① 确定作品集的底色。底色既要能够反映所展示项目的主题色，也要能够对所展示的内容起到衬托作用，同时营造出一定的氛围感。由于本项目的主题色为代码#FF551B的橙红色，饱和度较高，因此，在作品集中，设计者可以使用饱和度较低的同色系颜色进行搭配。

② 确定文本颜色。为了防止喧宾夺主，文本色可以以"黑白灰"为主，搭配主题色进行强调与装饰。（图5.4）

图5.4 色彩选取

步骤3：视觉包装

① 制作弥散效果。以"项目概述"为例。首先，修改框架的背景色为浅灰色（代码#FEFDFA）。在背景中绘制一个圆形，添加填充色为主题色（代码#FF551B），同时添加"图层模糊"效果，增大模糊值。最后，降低图层的不透明度。（图5.5）

② 完善背景。参照前文所述方法，在右下角处绘制黄色弥散效果。然后，再次创建一个圆形，填充类型为"线性渐变"，并在其下方复制一个副本，沿中心放大。降低图层不透明度，将它们编组并叠放于右侧样机图片的下方，以达到衬托作用。（图5.6）

③ 突出要点。提取项目概述中的重要概念，将其突出展示于说明文字的下方。在左下角处绘制两个白色圆角矩形，添加投影效果，颜色为浅橙色，并在矩形上输入关键词及简短的说明文字。（图5.7）

④ 绘制图标。在矩形的右下角处绘制与内容相匹配的图形，同样使用橙黄配色进行上色。（图5.8）

图5.5 绘制"弥散"效果

图5.6 绘制背景图案

图5.7 添加关键词

图5.8 绘制图标

⑤丰富细节。修改界面中的文本颜色，还可以为标题字绘制一些简单的修饰元素。（图5.9）

图5.9 最终效果

这样设计者就做好了作品集中的一页内容，接下来可以按照同样的方法，进行其他页面的绘制。在绘制的过程中，需要注意保持同一项目展示页面视觉风格的统一性。

最后附上所有页面的完成效果，以供大家参考。大家也可以前往"素材文档"的页面"5 作品集制作"查看参考案例。（图5.10～图5.19）

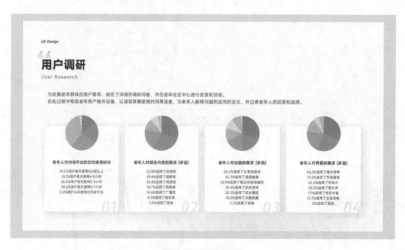

图5.10 项目概述

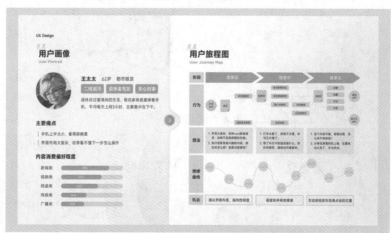

图5.11 用户调研

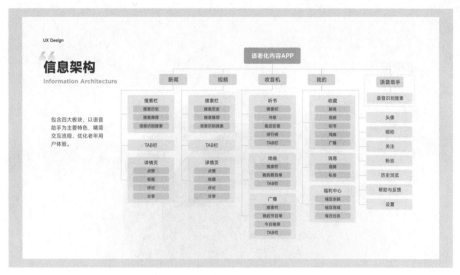

图5.12 用户画像&用户旅程图

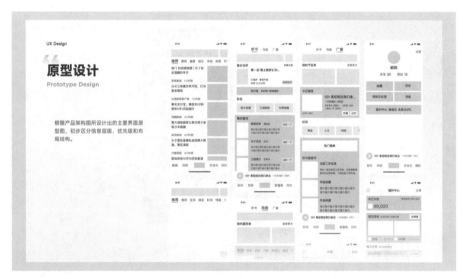

图5.13 信息架构

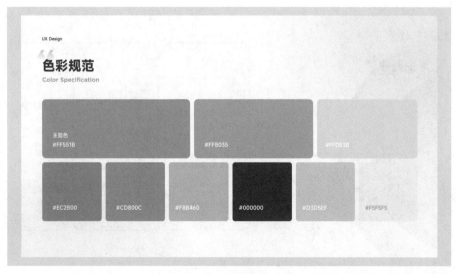

图5.14 色彩规范

图5.15 组件设计

图5.16 主要界面－新闻&视频

图5.17 主要界面－收音机

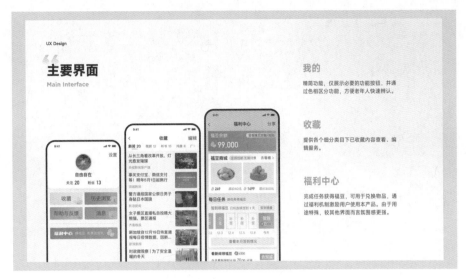

图5.18 主要界面－我的&收藏&福利中心

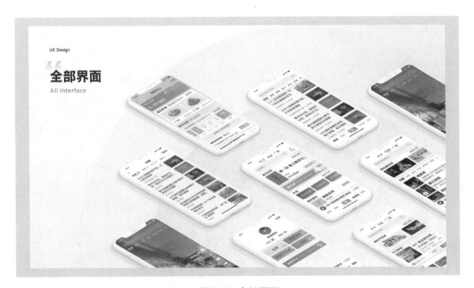

图5.19 全部界面

步骤4：交互视频展示

　　由于作品集一般为PDF等静态文件格式，所以难以展示动态类内容。此时，设计者可以在一些可自由上传视频等动态文件的公众网站或平台（如bilibili、站酷等）上，上传制作好的动态内容。然后在作品集中新建一页内容用于放置作品链接，也可以在链接的右侧附上部分静态帧进行展示。

参考文献

［1］［英］David Benyon.用户体验设计：HCI、UX 和交互设计指南［M］.北京：机械工业出版社,2020.

［2］［美］Jeff Johnson. GUI设计禁忌2.0［M］.北京：机械工业出版社,2009.

［3］［美］IDEO. The Field Guide to Human-Centered Design［M］. San Francisco: IDEO, 2015.

［4］石云平，鲁晨，雷子昂.用户体验与UI交互设计［M］.北京：中国传媒大学出版社,2017.

［5］张晓景，李晓斌.移动UI界面设计：微课版［M］.北京：人民邮电出版社,2018.

图书在版编目（CIP）数据

交互思维与实战：Figma+Principle UI 设计实用教程：新
形态教材 / 刘月蕊，卢芷仪，王培栩编著.上海：东华大学出
版社，2024. 11. -- ISBN 978-7-5669-2475-9

Ⅰ. TP311.1

中国国家版本馆 CIP 数据核字第 2024JF3099 号

责任编辑：谭　英
封面设计：王培栩

纺织服装类"十四五"部委级规划教材
交互思维与实战：Figma+Principle UI 设计实用教程
　　（新形态教材）

刘月蕊　卢芷仪　王培栩　编著

出　　版：东华大学出版社（上海市延安西路1882号，邮政编码：200051）
本 社 网 址：dhupress.dhu.edu.cn
天猫旗舰店：http://dhdx.tmall.com
营 销 中 心：021-62193056　62373056　62379558
印　　刷：上海万卷印刷股份有限公司
开　　本：889 mm × 1194 mm　1/16
印　　张：11.5
字　　数：404千字
版　　次：2024年11月第1版
印　　次：2024年11月第1次印刷
书　　号：ISBN 978-7-5669-2475-9
定　　价：67.00元